服务器完全图解工作原理

〔日〕西村泰洋〔著〕

陈欢〔译〕

中国水利水电出版社

www.waterpub.com.cn

·北京·

内 容 提 要

　　服务器是一种高性能计算机，在互联网、人工智能、物联网时代，服务器的应用无处不在，可以说有网络的地方都需要用到服务器，因此服务器也被称为"网络的灵魂"。近年来与服务器相关的云服务和云服务器更是炙手可热。但是对很多人来说，服务器到底有什么作用、具体是怎么工作的、在整个系统中扮演着什么角色……却一无所知或知之甚少。《完全图解服务器工作原理》就以图解的形式，对服务器和系统相关的基础知识、服务器和系统周边设备发展的技术趋势、服务器的工作原理、企业和组织中使用的各种服务器和系统、信息安全与故障处理、服务器导入案例、服务器的运营管理以及与服务器相关的人工智能和物联网等数字化技术的最新动向进行了详细讲解，可以说是一本关于服务器的百科全书，特别适合计算机相关专业学生、相关商务人士、管理者和开发者全面学习服务器相关知识，也适合作为案头手册，随时翻阅速查。

图书在版编目（CIP）数据

　　完全图解服务器工作原理 / (日) 西村泰洋著；陈欢译 . -- 北京：中国水利水电出版社，2022.9（2024.3重印）

　　ISBN 978-7-5226-0792-4

　　Ⅰ.①完… Ⅱ.①西… ②陈… Ⅲ.①网络服务器 – 图解 Ⅳ.① TP368.5-64

　　中国版本图书馆 CIP 数据核字 (2022) 第 110088 号

北京市版权局著作权合同登记号　图字：01-2021-6557

图解まるわかり サーバーのしくみ

(Zukai Maruwakari Server no Shikumi: 6005-4)

© 2019 Yasuhiro Nishimura

Original Japanese edition published by SHOEISHA Co.,Ltd.

Simplified Chinese Character translation rights arranged with SHOEISHA Co.,Ltd. through JAPAN UNI AGENCY, INC.

Simplified Chinese Character translation copyright © 2022 by Beijing Zhiboshangshu Culture Media Co.,Ltd.

书　　名	完全图解服务器工作原理 WANQUAN TUJIE FUWUQI GONGZUO YUANLI	
作　　者	[日] 西村泰洋　著	
译　　者	陈欢　译	
出版发行	中国水利水电出版社 （北京市海淀区玉渊潭南路 1 号 D 座 100038） 网址：www.waterpub.com.cn E-mail：zhiboshangshu@163.com 电话：（010）62572966-2205/2266/2201（营销中心）	
经　　售	北京科水图书销售有限公司 电话：（010）68545874、63202643 全国各地新华书店和相关出版物销售网点	
排　　版	北京智博尚书文化传媒有限公司	
印　　刷	北京富博印刷有限公司	
规　　格	148mm×210mm　32 开本　7.375 印张　306 千字	
版　　次	2022 年 9 月第 1 版　2024 年 3 月第 2 次印刷	
印　　数	4001 — 6000册	
定　　价	69.80 元	

人类社会是由各种不同的系统支撑的。虽然系统和IT技术变得越来越多样化，也越来越复杂，但相信还是有很多人希望能够在很短的时间内对它们有一个大致的了解。

实际上，世界上绝大多数的系统都是由以服务器为核心的架构组成的。如果将服务器作为通往系统和IT世界的入口来思考，也许会更加容易理解。

本书是针对有以下需求的读者而撰写的。

• 想掌握服务器和系统的基础知识的读者。

• 想了解企业与组织中如何使用服务器和系统的读者。

• 从事或将来有可能从事信息系统相关工作的读者。

• 想了解Windows和Linux区别的读者。

• 想了解与系统相关的人工智能、物联网、大数据、RPA等技术的读者。

本书对服务器和系统相关的基础知识，包括周边设备在内的技术动向、企业和组织中使用的各种服务器和系统、导入案例以及人工智能和物联网等数字化技术的最新动向进行了讲解。当然，没有相关IT知识的读者也可以阅读。

服务器和系统从大规模到小规模是形态各异的。

此外，因为有了商业的存在，才有了服务器和系统。随着商业的发展，服务器和系统也在不断地变化着。虽然将与之相关的内容囊括在一本书中讲解是极为困难的事情，但是还是希望读者能够通过本书，了解当前正在发生和将要发生的事情。

随着人工智能和物联网的快速普及，信息通信技术的发展受到了前所未有的、广泛的关注。

笔者衷心地希望，通过本书能够让越来越多的人对服务器和IT的世界产生兴趣。同时也希望大家能够将从本书中获得的知识充分运用到实际的工作业务中。

西村泰洋

资源赠送及联系方式

由于页码原因，特将本书无法登载的 Windows 和 Linux 的操作系统的区别以 PDF 形式赠送给读者，请通过下列方式获取并学习。

（1）扫描下面左侧的二维码，关注公众号后输入 fuwuqi，并发送到公众号后台，获取资源的下载链接。

（2）将该链接复制到浏览器的地址栏中，按 Enter 键，即可根据提示下载（只能通过计算机下载，手机不能下载）。

（3）读者也可扫描下面右侧的二维码，加入读者交流圈，可以及时获取与本书相关的信息。

致谢

本书是作者、译者、所有编辑及校对等人员共同努力的结果，在出版过程中，尽管我们力求完美，但因时间及水平有限，难免也有疏漏或不足之处，请各位读者多多包涵。如果您对本书有任何意见或建议，也可以通过 2096558364@QQ.com 与我直接联系。

在此，祝您学习愉快！

编　者

目录

第 **3** 章 服务器是做什么用的——
虚拟化与周边设备 49

第 **4** 章 客户端所对应的角色——
响应从属计算机请求的服务器　　73

第 **5** 章
电子邮件与互联网服务——
电子邮件和互联网服务中使用的服务器   99

第 8 章 服务器的导入——
服务器配置、性能估算、设置环境

163

第 **9** 章 服务器的运营管理——
实现服务器的稳定运行
187

服务器基础知识——

作为「司令塔」的三种形态

» 理解服务器就是理解系统本身

系统与服务器

在现实生活中，有各种各样的系统在不断地运行。

面向个人的系统中比较常见的有网上购物系统、银行和便利店中的 ATM 系统、公交卡等公共交通设施的系统等（图1-1）。

从商业角度观察，我们首先会想到企业和组织中所使用的业务系统。例如，便利店和超市里的 POS 系统、工厂里的生产管理系统、手机的通话管理系统、人造卫星使用的科研系统等，具体的案例不胜枚举。

面对这林林总总的不同规模的系统，要想一下子理解它们并非易事。

不过，无论是什么样的系统，只要其最终目的是产生一定的作用，那么其必然会用到服务器。

服务器的作用

绝大部分的系统，如果只从外表看，都是由服务器和从属的计算机，以及将它们连接在一起的网络设备所组成的。服务器则在其中担任着最为**核心的角色**（图1-2）。

而位于系统内部的软件则是负责对"想做什么处理？想达到什么目的？"作出响应，执行相应的应用程序。服务器扮演的则是**确保应用程序正确执行的重要角色**。

因此，服务器在整个系统中起着至关重要的作用。从服务器的角度去观察整个系统，就可以很容易地理解不同系统，并且可以快速对自己计划实现的系统建立初步构想。

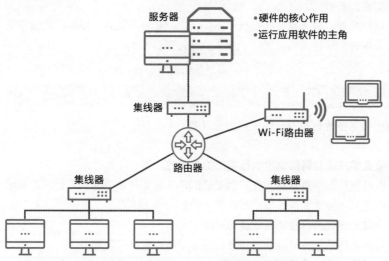

图1-1 社会生活中存在的各种各样的系统

网上购物
系统

银行和便利店等的
ATM系统

公交卡等
公共交通设施的
系统

图1-2 服务器的作用

服务器
• 硬件的核心作用
• 运行应用软件的主角

集线器

Wi-Fi路由器

路由器

集线器

集线器

※服务器及其从属计算机之间存在大量集线器等网络硬件设备

知识点

▱ 现实生活中有各种各样的系统，但只要达到一定规模，系统就必定会用到
服务器。

▱ 服务器在系统中扮演着最为核心的角色。

》 服务器就是系统的"司令塔"

"司令塔"般的存在

在第1-1节中我们讲到，存在于系统中的服务器在硬件和软件方面都起着至关重要的作用。如果用体育界的术语形容，可以说服务器就是"司令塔"般的存在。在足球、橄榄球等需要多名选手同时参赛的竞技项目中，必然会谈论到的一个话题就是"谁是司令塔"。司令塔负责对比赛的态势进行分析、向其他选手下达合适的指令、解答选手的疑问。而服务器正是这样的一种存在（图1-3）。

近几年，随着人工智能技术的发展，尽管服务器依然存在局限性，但其也变得更加智能化。

如果非要说与体育竞技有什么不同，那就是服务器并不是系统的**精神支柱**，而仅仅是从技术和管理的角度去执行处理。

服务器的三种运用形态

服务器主要有如下三种运用形态（图1-4）。

- **根据客户端发送的请求执行相应的处理的形态**
  服务器根据与其连接的客户端发送的请求，也就是其从属的计算机发送的请求，被动地执行相应的处理。
- **在服务器端执行能动性处理的形态**
  服务器对其从属的计算机和设备主动地执行相应的处理。
- **执行高性能处理的形态**
  由于服务器通常拥有高性能的硬件，因此服务器可用于执行能够发挥其硬件高性能的处理。这也是近年来服务器备受关注的形态。

接下来的内容将分别对这几种运用形态进行讲解，当然也会讲解将不同形态组合在一起应用的情况。

图1-3　服务器就像体育竞技中的"司令塔"

图1-4　服务器的三种运用形态

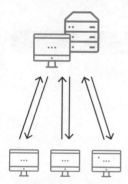
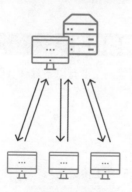
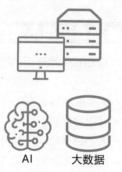

AI　　大数据

根据客户端发送的请求
执行相应的处理的形态

在服务器端执行能动性
执行处理的形态

执行高性能的
处理的形态

知识点

✐ 服务器在系统中是"司令塔"般的存在。

✐ 服务器主要有三种运用形态。

≫ 根据客户端发送的请求执行处理的形态

服务器最基本的运用形态

服务器最基本的运用形态是处理客户端发送的请求。当使用C/S、客户端/服务器等术语模式时，就表示服务器所起的就是这类作用。作为系统的一部分，服务器对其从属的客户端计算机发送的请求进行应答，因此由客户端先向服务器发送请求，再由服务器**被动地执行**相应的处理。

这种运用形态主要具有以下三个特点（图1-5）。

- 一台服务器对应多台客户端。
- 客户端和服务器大多使用通用软件（也存在使用分别针对客户端和服务器的软件的情况）。
- 客户端会随时向服务器发送请求。

被动式运用形态的典型案例

被动式运用形态的典型案例主要有以下几种（图1-6）。

- 文件服务器。
- 打印服务器。
- 电子邮件和网页服务器。
- 物联网服务器（设备随时会上传数据）。

到目前为止，被称为服务器的设备一般都属于本节中所讲解的**根据客户端发送的请求执行相应的处理的运用形态**。企业和组织中所使用的业务系统基本属于这种运用形态。然而，现代的服务器和系统最有趣的地方在于服务器不是只有这一种运用形态。在第1-4节将介绍服务器主动式处理的运用形态。

图1-5 被动式运用形态的特点

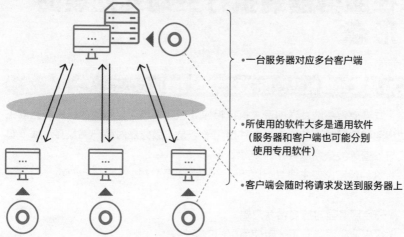

• 一台服务器对应多台客户端

• 所使用的软件大多是通用软件
（服务器和客户端也可能分别
使用专用软件）

• 客户端会随时将请求发送到服务器上

图1-6 被动式运用形态的典型案例

文件服务器　　打印服务器　　电子邮件和网页服务器　　物联网服务器

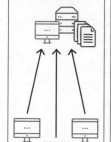
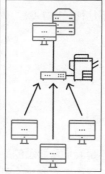

IC标签

知识点

✎ 类似 C/S 模式的服务器大多数情况下都是对其从属计算机发送的请求执行相应的处理。

✎ 具有代表性的案例是文件服务器、打印服务器、电子邮件和网页服务器等。

» 在服务器端执行主动式处理的形态

对从属计算机及设备主动式处理的形态

与针对客户端发送的请求执行相应处理的形态明显不同的是**由服务器主动启动和执行处理**的形态。这种运用形态是由服务器对客户端及其从属计算机与设备等发送命令并执行处理。

这种运用形态主要具有以下三个特点（图1-7）。

- 一台服务器对应多台客户端。
- 客户端和服务器不一定使用相同的软件。
- 由服务器端决定执行处理的时机。

主动式运用形态的典型案例

主动式运用形态的典型案例有以下几种（图1-8）。

- 运行监控服务器。
- BPMS 服务器。
- RPA 服务器。
- 物联网服务器（调用 IoT 设备等场合）。

从上述案例中可以看到，这些并不是我们所熟悉的服务器类型，但是**这类服务器在企业和组织的系统与业务运营中发挥着极为重要的作用。**

图1-7　　由服务器发起的处理的特点

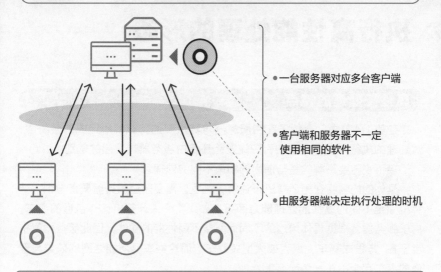

- 一台服务器对应多台客户端

- 客户端和服务器不一定
  使用相同的软件

- 由服务器端决定执行处理的时机

图1-8　　主动式运用形态的典型案例

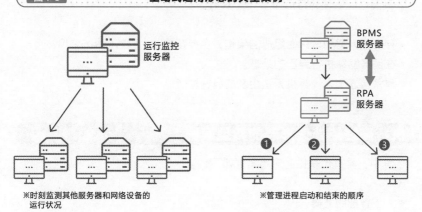

※时刻监测其他服务器和网络设备的
　运行状况

※管理进程启动和结束的顺序

知识点

🖉 由服务器端发起的主动式的处理，在企业和组织的系统与业务运营中发挥
　着极为重要的作用，相信今后这类服务器会越来越多。

🖉 具有代表性的案例有运行监控服务器、BPMS 服务器、RPA 服务器等。

» 执行高性能处理的形态

高性能处理的特点

在第1-4节中，介绍了在由服务器与其从属的计算机所组成的系统中，对处理的执行方式存在是由客户端发起还是由服务器端发起的差别。

接下来将要讲解的是与前面的视角不同的处理。

具体的内容将在第2章进行讲解，这里只需要知道服务器具有与个人计算机完全不同的**高性能处理能力**即可。如果将个人计算机比作普通的汽车，由于服务器会根据具体用途的不同而配备不同性能的部件，因此服务器就相当于F1方程式赛车、坦克或大型装载车。而这类车辆所能达到的效果与普通的汽车完全不在一个维度上。

其高性能处理的特点如下（图1-9）。

- 存在服务器和客户端组成的架构，也存在单独由服务器组成的架构。
- 在服务器端执行自己的处理。
- 具备普通个人计算机无法企及的高速性能。

执行高性能处理形态的典型案例

其中，具有代表性的应用案例如下。

- 人工智能服务器。
- 大数据服务器。

从上述案例中可以看到，这些都是今后有很大发展空间的领域。到目前为止，我们将服务器的运用形态大致分为三种并进行了讲解。如果单纯地从C/S架构理解系统，很可能会忽视由服务器端主动执行的高性能处理的运用形态。所以，请大家一定要记住现代服务器的运用形态中存在各种各样的可能性（图1-10）。

图 1-9　高性能处理的特点

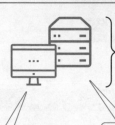

- 存在服务器和客户端组成的架构，也存在单独由服务器组成的架构
- 在服务器端执行自己的处理
- 具备普通个人计算机无法企及的高速性能

人工智能

- 由人工执行各种判断和分析
- 相较于人工方式需要更多的学习数据

大数据

- 多样化且海量的数据
- 高速化的分析
- 可以对结构化数据和非结构化数据进行结合分析

图 1-10　服务器的各种运用形态

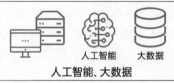
人工智能　大数据
人工智能、大数据

最近运用非常热门的人工智能、大数据、物联网等技术的服务器，其运用形态并不局限于传统服务器的运用形态

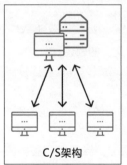
C/S架构

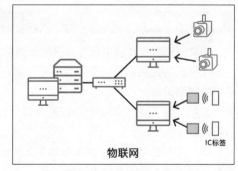
IC标签
物联网

知识点

🖉 利用服务器的强大性能执行处理的运用形态在今后很可能会得到进一步发展。

🖉 服务器的运用形态并不局限于 C/S 架构，而是存在着无限的可能性。

第 1 章　服务器基础知识——作为「司令塔」的三种形态

11

≫ 连接服务器的机器

客户端可分为很多不同的种类

当被人问到"连接到服务器的设备是什么"时，相信很多人都会说是客户端PC。因为以前使用客户端/服务器或C/S这一术语的人非常多，所以可以说这算是标准答案了。

虽然都是客户端PC，但是实际上却包含台式计算机、笔记本电脑等不同类型。以前只有这两种客户端PC。

但现在当我们谈到远程环境时，除了笔记本电脑之外，还有平板电脑等设备。如果再进一步扩大范围，智能手机也可以算是客户端的一种（图1-11）。

在远程环境中进行连接时，需要使用IMAP等服务器，关于IMAP的知识将在第5章进行讲解，并且现在有越来越多的企业开始构建此类系统环境。

多样化的设备

前文一直提到"服务器与其从属计算机或设备"这样的表述。

这是因为连接服务器的不仅有客户端PC，还有如物联网等需要连接服务器的网络设备。

如图1-12所示，我们可以在服务器上对从不同的摄像头获取的图像进行解析。

虽然IC标签本身并不具备普通意义上的设备的功能，但是**IC标签中的数据可以被读入到服务器中进行处理**。

也就是说，现在当我们在考虑能够连接到服务器的设备时，除了个人计算机和智能手机之外，还有多元化的选择，如无人机或可以联网的机器人等。

图 1-11　多样化的客户端

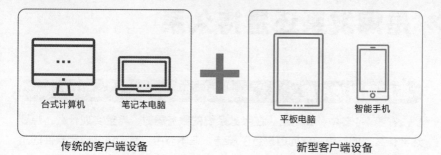

台式计算机　笔记本电脑	平板电脑　智能手机
传统的客户端设备	新型客户端设备

说到客户端，以往是指台式计算机和笔记本电脑，现在由于远程环境变得更为丰富，平板电脑和智能手机也被归入了客户端设备

图 1-12　物联网时代中多元化的设备

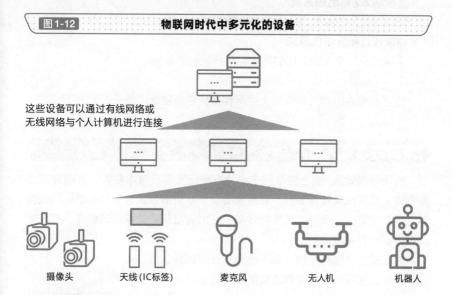

这些设备可以通过有线网络或无线网络与个人计算机进行连接

摄像头　　天线 (IC标签)　　麦克风　　无人机　　机器人

知识点

〃 在为设备连接服务器时，虽然PC 是最具代表性的，但是现在平板电脑、智能手机等在远程环境中也呈现出了多样化的趋势。

〃 从物联网的角度看，摄像头、IC 标签、麦克风、无人机、机器人等各种不同用途的设备都可以连接到服务器。

» 是爆发系还是持久系

应用程序的角度

在第1-1节中，我们对"在考虑系统的服务器时，希望实现什么，想要达到什么目的"等关键问题进行了总结。在本节中，我们将从应用软件的角度思考这个问题。

我们平时所使用的系统大致可以分为以下两种。

- **重视输入/输出的系统**
  可以对输入的数据进行处理并迅速作出反应的系统。
- **重视统计和分析的系统**
  重视对分别输入的数据的统计和分析处理的系统。

但在实际应用中，可以将上述两种系统进行结合，如图1-13所示。

爆发力与持久力

对于重视输入/输出的系统来说，响应速度是非常重要的，就像抢答比赛那样，其系统重视爆发力。而重视统计和分析的系统是在观察整体的数据输入情况下进行处理的，就像需要花很长时间准备的入学考试那样，是对持久力有要求的系统（图1-14）。

无论是上述哪种系统，都不能出现任何错误。

近年来备受关注的重视流程的系统就是对持久力有要求的。

至此，我们对服务器的三种运用形态和连接设备的相关知识进行了讲解。在此基础上，如果我们能确定服务器中应用软件的特性，就能切实地将对构建系统和服务器的讨论向前推进一步。

图1-13　**重视输入/输出的系统与重视统计和分析的系统**

重视输入/输出数据

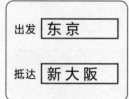

网上的
路线导航

重视数据的统计和分析

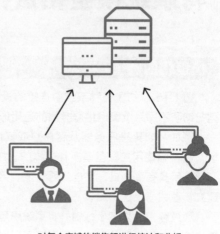

对每个店铺的销售额进行统计和分析

图1-14　**追求爆发力的系统与追求持久力的系统**

重视爆发力

抢答比赛

重视持久力

入学考试

知识点

🖉从应用软件的角度来看，可以将系统分为重视输入/输出的系统与重视统计和分析的系统。

🖉前者追求的是爆发力，后者追求的是持久力。

》 将系统模型化进行整理

模型化的例子

图1-15 总结了各种系统中连接的设备和希望实现的功能,并在最后一列归纳了不同系统案例中服务器的运用形态。

例如,如果是服务器从客户端或其他设备中获取数据并进行更新的模型,则实际使用的设备是多种多样的。如果在重视输入/输出的系统中,则必须使用具有高速处理性能的服务器。另外,我们还可以对计划构建的系统建立物理感官上的印象。

通过种方式确定坐标轴并将系统模型化,我们就可以同系统的负责人员具体确认对服务器的需求,同时还可以明确不需要的功能。

模型化中的注意事项

希望做到的是什么?需要实现怎样的处理?关于这些问题,在**系统的相关人员之间达成共识**是非常重要的。这里为了方便理解,我们从连接到服务器的设备的种类和数量,以及对什么样的数据进行处理等方面入手,将系统划分成重视输入/输出和重视统计分析两种。

接下来我们从具体是什么样的系统、具体希望如何使用系统的角度,将系统划分为作为服务器的内容的软件和作为服务器的容器的硬件两部分。将这两部分的具体需求结合在一起介绍是非常有必要的(图1-16)。

总体来说,分别从**外观与内容、应用软件和硬件**两方面考虑系统是非常有必要的。

图 1-15　将系统模型化并总结

系统模型化的示例

为了方便理解, 暂时不考虑服务器

销售系统	连接设备的例子					网络	用途 (输入/输出)	运用形态
	台式计算机	笔记本电脑	平板电脑	智能手机	摄像头			
	◯	◯	◯	—	—	有线、无线运营商	销售人员对客户的数据进行输入, 安排发货	被动式

生产管理系统	连接设备的例子					网络	用途 (输入/输出)	运用形态
	台式计算机	笔记本电脑	平板电脑	智能手机	摄像头			
	—	—	—	—	◯	有线局域网	通过摄像头确认工程进度, 如果发现进度滞后则发出警告	被动式

审查系统	连接设备的例子					网络	用途 (客户审查)	运用形态
	台式计算机	笔记本电脑	平板电脑	智能手机	摄像头			
	◯	◯	—	—	—	有线局域网	使用人工智能技术对个人贷款的客户进行初次审查	被动式、高性能

购买预测	连接设备的例子					网络	用途 (海量数据的分析)	运用形态
	台式计算机	笔记本电脑	平板电脑	智能手机	摄像头			
	◯	—	—	—	—	有线局域网	对多样化的海量数据进行分析, 确定产品的投入和推广时机	高性能

图 1-16　从硬件和软件的角度分析需求

软件的要求
- 需要实现怎样的功能 (重视爆发力、重视持久力)
- 需要怎样的系统 (被动式、主动式、高性能)

硬件的要求
- 什么样的服务器比较合适
- 需要使用什么样的设备

确定合适的系统和服务器

知识点
- 在了解需要使用的服务器时, 根据三种不同的运用形态将系统模型化比较便于了解。
- 从服务器的内容 (软件)、服务器的外观 (硬件与连接的设备) 这两方面来考虑。

≫ 基本的系统结构

基本的系统结构示例

相信各位读者学到这里的时候，对系统相关的基础知识已经有所了解。接下来让我们看一下系统结构的示例。

最简单的是由**一台服务器与多台客户端PC**组成的系统，具体以企业和组织的部门的业务系统与文件服务器为例。

在图1-17中，将服务器设置在上方，将客户端PC设置在下方，中间由作为网络设备的路由器和集线器连接成一个局域网环境。比较常见的做法是在企业和组织内部以部门、科室、小组为单位设置集线器。

例如，如果集线器的局域网端口是24个，那么每24个人就需要一个集线器。而实际上，一台客户端会连接到多个服务器上。

增加中的无线局域网

近几年，私人住宅里使用无线局域网的人越来越多，办公场所内使用无线局域网[1]的做法也越来越常见。

对比图1-17和图1-18会发现，在图1-18中由于不需要铺设有线局域网所需的网络电缆，办公室的布局和座位的放置具有更高的自由度。

服务器即司令塔

仔细观察图1-17和图1-18，相信大家会再一次认识到服务器是系统中的"司令塔"。

在第2章中，我们将对服务器硬件部分的相关知识进行讲解。

---

[1] 无线局域网使用数量激增，除了因为它可以提升办公室布局的自由度外，还因为无线局域网技术本身的发展，另外也与服务器与客户端之间，乃至软件的处理速度都得到了极大提升有关。

图 1-17　　　基本的系统结构

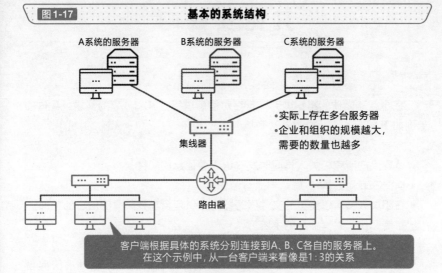

A系统的服务器　　　B系统的服务器　　　C系统的服务器

集线器

路由器

•实际上存在多台服务器
•企业和组织的规模越大，
　需要的数量也越多

客户端根据具体的系统分别连接到A、B、C各自的服务器上。
在这个示例中，从一台客户端来看像是1:3的关系

图 1-18　　　使用无线局域网的结构

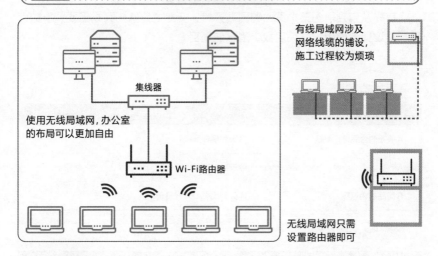

有线局域网涉及
网络线缆的铺设，
施工过程较为烦琐

集线器

使用无线局域网，办公室
的布局可以更加自由

Wi-Fi路由器

无线局域网只需
设置路由器即可

知识点

🖉 作为基础的系统结构，如果使用有线局域网，就包含服务器、路由器、集
线器、客户端PC等部分。

🖉 近年来，由于使用便捷，即使是办公场所内，无线局域网也在增加。

开 始 实 践 吧

制作客户端应用程序

在企业和团体的组织内部，存在对信息进行公开和分享的需求，具体的示例如下。

- 负责人向所有相关人员同时发送记录着信息的邮件。
- 需要在专用的 Web 站点中显示信息。
- 在相关人员可以浏览的文件服务器中提供包含需要共享的信息的文件。有专门用于共享信息的系统。

在第二个浏览器中浏览网站的页面是客户端请求服务器处理的典型应用。

所以，请读者自己动手创建一个网页项目。

首先从包含两到三个页面的网站开始，开始之前请先列举需要共享的信息，建议读者使用可以采用数字表示的项目。

● 需要共享信息示例

项目名	内容或示例
A服务的合同签订数量	今天到现在××件
A服务的合同金额	今天到现在500万日元
B商品的销售额	昨天到现在150万日元

● 需要共享的信息

项目名	内容或示例

(续见第48页)

服务器的硬件部分——

多样性以及与个人计算机的不同

» 与PC在结构上的差异

服务器是永不关机的

服务器与PC之间最大的不同之处在于，服务器是24小时不间断地运行且无法关机的。一般情况下，PC是用户上班时开启电源，下班时关闭电源，**而服务器基本上是不会关闭电源的**。

一旦将服务器的电源关闭，势必会对正在进行的工作和正在使用的用户产生很大的影响。因此，服务器的硬件配置是以永不关闭服务器为前提的。

服务器与PC的巨大区别包括以下两点（图2-1）。

- 可以单独替换或添加CPU、内存、磁盘等配件。
- 所有的部件都采用双重容错机制。

结构上的区别

PC在主板上狭窄的空间里高效地集成了CPU、内存、磁盘等配件。而服务器则充分考虑了添加和更换配件的需求，将配件整齐地排列其中，如图2-2所示。

服务器每个部件的可靠性都很高，即使发生突发情况也不会停止运行，甚至允许管理员对其中的一部分装置进行动态更换。此外，服务器的特殊结构还使得部件的更换极为简单。

服务器的部件原本就拥有较好的性能，不仅具有双重容错机制的高可靠性，而且从其尽量做到不间断地运行的特点来看，也同样具有可持续运行的**极高的可用性**。

此外，有关故障排除的知识，我们将在第9章进行讲解。

图 2-1　服务器与PC的区别

项　目	服务器	PC
一天中的执行时间	24 小时 [1]	用户的上班时间 （在工作场合使用的情况下）
可靠性	● 基本上不关机 ● 尽量做到不需要重启	出现问题时可以随时重启
扩展性	● 有的服务器型号支持在不停机的状态下对各个部件进行替换 ● 增加部件非常简单	● 替换和增加部件时需要关机 ● 有的PC很难增加新的部件
可用性、故障率	电源、磁盘和风扇等支持双重容错	绝大部分 PC 不支持双重容错

图 2-2　服务器的结构

机架式服务器示例

CPU、内存、磁盘等排列整齐的装置
具有易于替换的设计结构

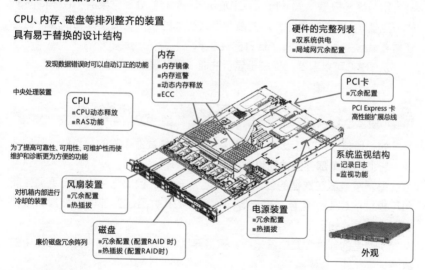

发现数据错误时可以自动订正的功能

内存
■ 内存镜像
■ 内存巡警
■ 动态内存释放
■ ECC

硬件的完整列表
■ 双系统供电
■ 局域网冗余配置

中央处理装置

CPU
■ CPU动态释放
■ RAS功能

PCI卡
■ 冗余配置

PCI Express 卡
高性能扩展总线

为了提高可靠性、可用性、可维护性而使维护和诊断更为方便的功能

系统监视结构
■ 记录日志
■ 监视功能

对机箱内部进行冷却的装置

风扇装置
■ 冗余配置
■ 热插拔

电源装置
■ 冗余配置
■ 热插拔

磁盘
■ 冗余配置（配置RAID 时）
■ 热插拔（配置RAID时）

廉价磁盘冗余阵列

外观

知识点

✎ 在工作场合中使用PC时，需要PC在工作时间内是可以运行的，而服务器需要支持365天24小时不间断地运行。

✎ 为了做到不停止运行，服务器具有与PC完全不同的结构。

※1　服务器可以24小时不间断地运行，也可以描述为7天24小时不间断地运行或365天24小时不间断地运行。

与PC在性能上的差异

追求的性能不同

我们日常使用的PC，需要做到可以通过眼睛确认用户执行的操作是否被正确地反映到屏幕中，因此显示性能是非常重要的。

所谓显示性能，是指通过敲击键盘的按键或使用鼠标点击从而实时且准确地显示内容，并以此为前提条件**对各种应用程序软件进行操作**。

说起来这也是理所当然的事情，这也充分说明了现代个人计算机和智能手机的性能非常高，以至于我们意识不到其背后的运行方式。

另外，对服务器而言，做到准确地进行各种各样的处理是非常重要的。

服务器是根据输入（input）来输出（output）处理结果的，在不间断地执行这些I/O操作的同时，还要监测系统整体的运行状况及负载情况，同时还需要考虑是否完全发挥了自身的性能。

从图2-3可以看到，相较于显示性能，服务器更加注重I/O性能。

部件的性能不同

如上所述，PC 与服务器所需达到的性能是截然不同的，当然，除此之外，它们的**每个部件的性能也有巨大差别**。

由于服务器在数据的处理量上远远大于PC，因此它是由具有更高性能和可靠性的CPU、内存、磁盘等部件构成的。并且这些部件的配置数量和容量也更多，如图2-4所示。

从两者的部件配置情况来看，服务器比PC 的价格更高也是情理之中的事情。

显示性能与I/O性能

重视显示性能、重视键盘和鼠标等的操作结果的显示

重视I/O性能,重视输入/输出时系统整体的状况、负载以及性能

PC

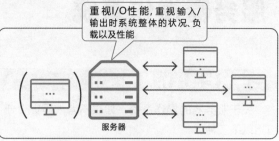

服务器

- 相较于显示性能,服务器更重视I/O性能
- 服务器除了在安装、故障的检查和恢复以及维护过程中一般不连接显示器
- 客户端计算机也可以单纯作为显示器使用

图2-4 部件性能的差异

PC

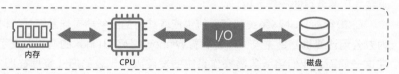

内存　　　　　CPU　　　　　I/O　　　　　磁盘

服务器

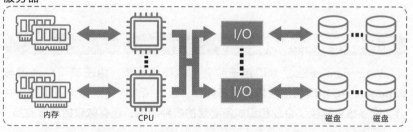

内存　　　　　CPU　　　　　I/O　　　　　磁盘　　　磁盘

服务器的CPU、内存、磁盘等配件的性能和可靠性比PC高很多且数量更多

知识点

- ✐ PC重视显示性能,而服务器不仅重视显示性能,而且更重视处理的性能(I/O性能)。
- ✐ 服务器的CPU等每个单独部件的性能都比PC更高。

25

》 服务器操作系统

三种服务器操作系统

关于服务器的操作系统，如果不考虑历史变迁，单从当前的主流来看，包括以下三种。

- Windows Server（由微软提供）。
- Linux（开源操作系统的代表，其中商用操作系统包括 Red Hat 等）。
- UNIX 系统（由各大服务器制造商提供）。

在日本市场中，Windows 占比50%，Linux 和 UNIX 系统分别约占20%，其余为厂商专有的操作系统。

在20年前，UNIX 系统和 IT 系统供应商独有的服务器操作系统（当时称为办公用计算机）是主流，但是随着 Windows PC 和 Linux 的增长形成了现在这一局面。我们将服务器操作系统的发展以年代表的形式整理在图2-5中。它的历史是从 UNIX 开始的。

不同操作系统的优点

Windows Server 是专门用于服务器的操作系统，由于其可以通过**与 Windows PC 相同的用户界面进行操作**，因此相对而言是易于理解的。并且，**它还事先打包了企业和组织所必需的各种功能，还有微软的官方支持**。

至于 Linux，仍然有很多人在使用类似 Windows 中的命令提示符的画面进行操作。现在，市面上似乎有各种各样的图形界面工具（GUI）可供使用（图2-6）。而且，只需要添加免费的模块或必需的功能即可，因此**可以构建较为简单且便宜的系统**。

如果怕麻烦，可以选择 Windows。当然也可以经过多方考量后，根据具体的功能需求选择使用 Linux。

图2-5 服务器操作系统的今与昔

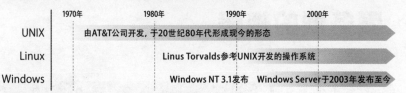

	1970年	1980年	1990年	2000年
UNIX	由AT&T公司开发, 于20世纪80年代形成现今的形态			
Linux		Linus Torvalds参考UNIX开发的操作系统		
Windows			Windows NT 3.1发布　Windows Server于2003年发布至今	

- 服务器专用的操作系统具备允许多个客户端同时进行访问的性能
- Linux由于其历背景,与UNIX系统的兼容性更高
- UNIX系统作为对现有软件资产的运用和长时间稳定连续运行的服务器操作系统,目前仍受到强大的支持,但是在很多典型的应用场景中不断被具备相同功能的Linux取代

图2-6 **Windows Server 与Linux 的画面的示例**

Windows Server的文件访问权限的设置画面

Linux的文件访问权限的设置画面

```
$ls -l afile.txt
-rw-rw-r-- 1 tkato tkato 0 1月 28 13:23 afile.txt
$chmod 777 afile.txt
$ls -l afile.txt
-rwxrwxrwx 1 tkato tkato 0 1月 28 13:23 afile.txt
$
```

- Windows的场合可以通过GUI进行选择和设置
- Linux和UNIX系统仍然有很多人依靠命令行进行操作
- chmod是对访问权限(授权)进行设置和修改的命令
- 777表示允许所有的使用者对文件进行读取、写入和执行操作的完整权限
- 755表示文件的所有者拥有全部的权限, 但是组成员和其他使用者则被限制为只允许读取和执行文件

Linux 访问权限控制列表编辑工具Eiciel的示例

- Linux也支持使用图形界面工具进行设置
- 左侧显示的是Eiciel操作画面的示例

知识点

🖉 当前主流的服务器操作系统包括Windows、Linux、UNIX系统三种。

🖉 其中, Windows Server和Linux占绝大多数, 推荐读者根据自身的需求和目的导入合适的操作系统。

第 **2** 章　服务器的硬件部分——多样性以及与个人计算机的不同

27

» 服务器的规格

服务器的基本规格

如果想知道汽车的规格，只需查看商品详情，就可以了解汽车总长度、重量、可乘坐人数、发动机与排量及变数箱等数据。如果具体到服务器，CPU就相当于汽车的发动机。

与汽车类似，服务器和PC的基本规格中包含样式（参考第2-5节）、CPU的数量和种类、内存容量、内置磁盘容量等数据。一般情况下，除了标明内存数量和磁盘容量之外，还会标明实际配备的数量和容量。

图2-7中介绍了规格的示例。规格中除了图中所列的项目之外还有其他内容，服务器方面需要注意的是**电源**和**冗余装置**[1]相关的部分。

大型的服务器需要大型的电源，因此，在某些情况下导入服务器时必须要实施电源工程。在导入服务器时经常会发生已经购买了电源却忘记安排施工的情况，从而导致服务器无法使用。

服务器的选择

从服务器制造商和各大经销商的网站中可以看到，与以前相比，其中的内容已经变得更容易让人理解。

以前，选择服务器时需要对所需处理性能和数据量等数据进行计算，再与服务器的性能进行分析比较才能确定。

现在可以直接从**用户数量**和**用途**等方面进行考虑（图2-8）。

例如，如果提供了"我们部门有50人需要使用文件服务器"等信息，网站就会根据人数和用途以简化图表的形式提示推荐使用的服务器，这样就可以很方便地从中进行选择。

---

[1] 用于应对系统发生故障时的预备装置和结构。

图 2-7 服务器规格的示例

项目	单个产品的规格
外形和尺寸	塔式、机架式等
CPU 的种类和数量	Intel ××、1/2（最多可安装两个，已安装一个等）
内存容量	最大 3072GB
内置磁盘容量	10/20TB
电源装置 [1]	250W、300W、450W 等
冗余风扇	有 / 无

图 2-8 服务器的选择

以前

在纸面上对性能进行估算并确定使用的服务器

性能估算 → 选择服务器

现在

除了估算性能之外，还对用户数量、用途以及导入案例进行分析是目前的主流

性能估算 → 选择服务器

用户数量、用途
服务器制造商和销售商的网站中有公布

导入案例（同上）

※相较于单纯的性能估算，选择的服务器尺寸可能会不同

现在已经进入不具备专业知识的人也可以正确地选择服务器的时代

知识点

- 虽然服务器的规格与 PC 的规格没有太大区别，但是需要注意电源和冗余机制。
- 近年来供应商已经提供了各种不同的信息，即使不具备服务器相关的专业知识也可以自由地进行选择。
- 可以从用途和用户数量设想需要购置什么样的服务器。

※1 普通的笔记本电脑的电源功率约为 70W。

» 多样化的外形

根据外形划分种类

服务器根据外形主要可以分为以下三种（图2-9）。

- 塔式。

  具有与台式计算机类似的长方体外形，相当于将PC放大后的形状。
- 机架式。

  使用专用的机架安装每台服务器的类型，适用于对扩展性和容错性有需求的场合。可以很方便地在机架中添加新的服务器，并且由于使用专用的机架保护，因此也具有容错性。
- 刀片式、高密度。

  机架式服务器的派生形式，属于针对需要大量使用服务器的数据中心设计的服务器类型。共用的部件安装在机架一侧，轻薄且小型化的服务器则可以集中安装在狭窄的空间。其特点是具有极高的集成度。

其他类型

大型计算机中的大型机和超级计算机的每一个部件都配备了**专用的机箱**（参考2-12节），并且CPU、内存以及磁盘等部件的机箱都是分离的（图2-10）。

通常情况下，在企业和组织中，大型机安装在由IT系统部门管理的专用的建筑物或楼层中。

虽然除了IT系统相关的工作人员之外，其他人一般很难见到这些设备，但是如果有机会可以一览庐山真面目，请千万不要错过。比人还高的机箱整齐地排列在一起的景象还是很壮观的。

图2-9 多样化的外形

塔式服务器

塔式服务器包括从PC服务器（即便如此，尺寸也比PC大）
到大型的UNIX系统，尺寸差异很大

机架式服务器

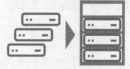

机架式服务器
需要配置专用的机架

刀片式服务器

高密度服务器

- 也存在面向数据中心的刀片式和高密度类型的服务器
- 刀片式服务器是对机架式服务器进行轻薄化和小型化的产物
- 高密度服务器是更为先进的服务器架构

图2-10 大型机与超级计算机

大型机

大型机的CPU、内存、磁盘等部件
与机箱是分离的

超级计算机

- 超级计算机可以说是计算机的顶峰
- 追求最高速的性能，尺寸比大型机更大

知识点

✐ 服务器可根据外形分为塔式、机架式和刀片式或高密度三种。
✐ 大型机和超级计算机的每个部件分别配备了比人还高的机箱，并且各机箱
排列在一起。

» 服务器的标准——PC服务器

PC服务器的规格

PC服务器是与PC具有相同结构的、将PC大型化后的服务器，也可以称为IA（Intel Architecture，Intel架构）服务器。

日本国内每年销售的服务器总数超过40万台，其中约70%是PC服务器（图2-11）。

由于PC服务器曾经只是在性能上比PC高，因此作为服务器长期处于一个较低的地位。近年来，由于其性能的提升和更加多样化，并且中小型规模的业务可以使用PC服务器进行处理，因此，它已经成为**服务器的标准**。

更具体地说，由于其内置了Intel公司的x86的CPU或可与之兼容的CPU，因此也被称为**x86服务器**。

CPU的基本设计被称为CPU架构。无论服务器的类型是塔式还是机架式，只要安装的CPU是x86架构的，它的定位就是x86服务器。

CPU架构的概要如图2-12所示。

PC 服务器以外的其他服务器

说到CPU的架构，除了x86以外，具有代表性的还有基于RISC架构的SPARC（Oracle，原美国Sun公司），类似的还有IBM的Power。这些都是UNIX系统的专用架构，其处理性能比PC服务器更高。

但是，从统计方面来讲，除了PC服务器、UNIX服务器之外，服务器还包括大型机和超级计算机。

通常情况下，相对PC而言，除了它以外的都可以认为是服务器。

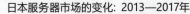

图2-11　日本服务器市场概要

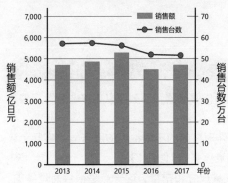

日本服务器市场的变化: 2013—2017年

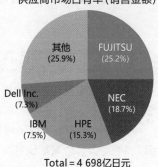

2017年日本服务器市场
供应商市场占有率(销售金额)

其他
(25.9%)

FUJITSU
(25.2%)

Dell Inc.
(7.3%)

NEC
(18.7%)

IBM
(7.5%)

HPE
(15.3%)

Total = 4 698亿日元

引自：2017年日本服务器市场动向调查(IDC Japan，2018年3月28日新闻稿)

图2-12　CPU的架构

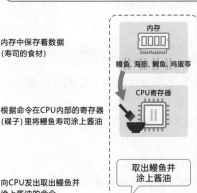

内存中保存着数据
(寿司的食材)

内存

鳗鱼、海胆、鲷鱼、鸡蛋等

CPU寄存器

取出鳗鱼并
涂上酱油

内存中数据的排列方式是
字节序(字节排列顺序)，
被称为Endian

CPU内部的寄存器中的处理

对CPU下达命令使用的语言是
指令集

根据命令在CPU内部的寄存器
(碟子)里将鳗鱼寿司涂上酱油

向CPU发出取出鳗鱼并
涂上酱油的命令

不同类型的CPU中具体的原理也有区别

知识点

∥ 由于PC架构的服务器（x86服务器）在性能上的提升，现在已经成为服务器的标准。

∥ 除了PC服务器之外，UNIX服务器和大型机以及超级计算机都是服务器。

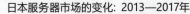

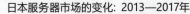

第2章 服务器的硬件部分——多样性以及与个人计算机的不同

33

≫ 服务器的档次

高端服务器与标准服务器

如果将大型机和超级计算机也当作服务器，那么可以将这些装置定位为顶级的服务器。

在第2-6节中，讲解了对包括外形在内的不同种类的服务器，实际上还可以将服务器分为高端服务器和标准服务器（图2-13）。

对于汽车来说，我们主要关注其尺寸和排量，这一点是很容易理解的，但是对于服务器来说，则需要根据不同的制造商选择不同的思考方式。这一点作为参考了解即可。

不过，一般尺寸较大的服务器的价格也相对较高。

高端与标准的划分方法

高端服务器与标准服务器基本上是从高可靠性和高性能的角度来划分的，但是对它们的分界点有以下几种确定方法。

除了刚才讲解的顶级服务器，高端服务器的划分方法如下。

- **将配备了丰富的冗余结构的类型作为高端服务器。**
- **将x86服务器作为标准服务器，将UNIX系列的服务器作为高端服务器。**

由于这一分界点是基于制造商和销售商的阵容与销售策略而定的，因此并不能一概而论。

图2-14中列举了判别高端服务器与标准服务器的条件。

- 不管是哪种外形的服务器，首先要确认其CPU和操作系统。
- 如果没有什么区别，就通过冗余结构的丰富程度进行判断。

从结果上看，绝大多数高端服务器价格都比较高。

图2-13　　　　　　　　　　　　高端服务器与标准服务器

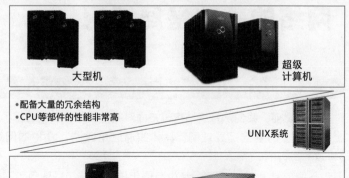

顶级

大型机

超级
计算机

高级

• 配备大量的冗余结构
• CPU等部件的性能非常高

UNIX系统

标准

x86服务器、IA服务器

图2-14　　　　　　　　确认高端服务器与标准服务器的要点

无关乎外观

确认CPU、OS等
配置

●Windows Server
●Linux
●UNIX

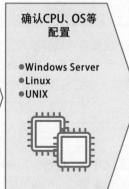

冗余结构
的支持程度

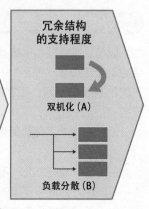

双机化（A）

负载分散（B）

※通常尺寸更大的服务器价格也更高

知识点

✎ 服务器可根据每个制造商的理念划分为高端服务器和标准服务器。

✎ 可以从CPU、操作系统以及冗余结构等方面判断服务器是否为高端服
务器。

》 网络的基础是局域网

局域网和TCP/IP是基础

在此之前，我们从系统结构等方面对服务器和客户端进行了讲解，实际上网络连接的基础是局域网。具体的通信是通过TCP/IP的网络通用语言（协议）进行的。

从图2-15中可以看到，其中有使用电缆的有线局域网和不使用电缆的无线局域网。

网络除了局域网之外，从大的方面来看，具有代表性的是电信运营商提供的广域网；从小的方面来看，还包括终端之间的蓝牙通信等。不过这两者都不适用于不间断地高速处理的通信。

数量激增的无线局域网

以前，服务器的网络基本上都是有线局域网，但是近年来**无线局域网的使用明显增加了**（图2-16）。当然，服务器和网络设备之间的连接仍然使用传统的有线局域网，而客户端和网络设置之间却是使用无线局域网进行连接的。

发生这样的变化的原因如下。

● 采用无办公室办公（不固定座位）体制的企业和组织增加了。
● 可以从外部进行连接的笔记本电脑、平板电脑、智能手机增加了。
● 由于无线局域设备本身性能的提升，以及服务器、客户端和各种软件性能的提升，减轻了网络的负载。

想必今后看到局域网电缆和集线器的机会越来越少。

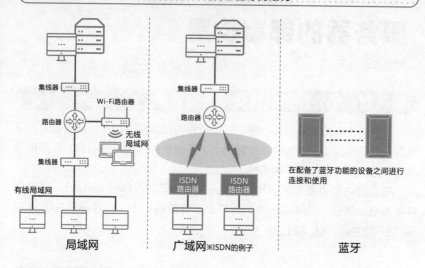

图 2-15　局域网、广域网、蓝牙的结构

集线器

Wi-Fi 路由器

路由器

无线
局域网

集线器

有线局域网

局域网

集线器

路由器

ISDN
路由器

ISDN
路由器

广域网 ※ISDN 的例子

在配备了蓝牙功能的设备之间进行
连接和使用

蓝牙

图 2-16　无线局域网激增的背景

从储物柜中
取出计算机

在自己喜欢的
场所开展工作

无办公室办公的增加

从各种不同
的场所进行连接

无线局域网设备
性能的提升

服务器

客户端

各种软件
性能的提升

知识点

⁄⁄ 服务器的网络连接基本上使用局域网。

⁄⁄ 使用无线局域网连接客户端和服务器的做法在增加。

≫ 服务器的部署位置

部署到公司外部的做法变得更为普遍

以前的主流方式是将服务器设置在公司内部运营，现在将服务器设置在数据中心的情况也在增加。除此之外，不在公司内部设置服务器，而是租用数据中心的服务器也是一种选择。

在公司内部设置服务器的方式被称为**内部部署**（On-Premise）。通常是将服务器设置在办公楼层的某个角落里的专用机架上，或者设置在IT系统部门专用的楼层或机架上。

不同部署方式的优缺点

如果部署在公司内部，就是由公司内部进行管理或者由签约的运营维护服务商进行管理。

如果与数据中心签订合同，那么服务器就是由数据中心提供商进行管理，因此用户无须管理服务器，只需要专心使用即可。下面讲解一下使用数据中心和使用内部部署的区别（图2-17）。

- **使用数据中心**。

维护工作可以委托给服务提供商处理，但是数据会出现在外部网络中。

- **使用内部部署**。

公司内部可以自由地进行设置，但是需要维护，并且数据不会被传递到外部网络中。

不愿意跟数据中心签订合同的企业和组织，一般是因为担心内部数据的泄漏。

两种使用方式的优点和缺点如图2-18所示。

图2-17　使用数据中心和使用内部部署的区别

数据中心

通过互联网远程连接到
数据中心的服务器上

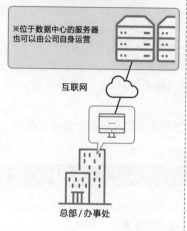

※位于数据中心的服务器
也可以由公司自身运营

互联网

总部/办事处

使用内部部署

在企业和组织的办公楼层的某个角落
设置机架等

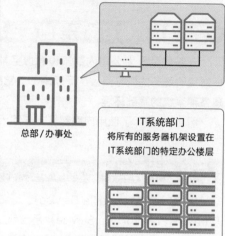

总部/办事处

IT系统部门

将所有的服务器机架设置在
IT系统部门的特定办公楼层

图2-18　使用数据中心和使用内部部署的优点与缺点

	优　点	缺　点
数据中心	●只要满足条件就可以马上投入使用 ●由数据中心进行维护 ●大多数情况下，比内部部署管理的成本更低	数据会出现在外部网络中
内部部署	●公司内部可以自由地进行设置 ●可以掌握导入服务器的技能	●从购买到安装需要花费工时 ●需要进行维护 ●成本不低

知识点

🖊 服务器不仅可以设置在公司内部，也可以选择与数据中心提供商签约
租用。

🖊 不同的部署方式有各自的优点和缺点。

≫ 云服务的种类

云服务是构建各种系统的基础环境

云服务是作为公司内部不设置服务器等相关IT资产，而从互联网的另一端接收服务的概念而被广泛知晓的。它的发展极为迅速，已经逐渐成为**构建各种系统的基础环境**。

图2-19 展示了使用内部部署方式和云服务方式时服务器的设置位置。

云服务中的三种主流服务

SaaS（Software as a Service）、**IaaS**（Infrastructure as a Service）以及**PaaS**（Platform as a Service）是当前主流的服务类型（图2-20）。

其中，最容易理解的是SaaS。它是一种为用户提供系统相关的全套服务的平台。例如，用户需要通过互联网使用服务提供商提供的运输费用结算系统，那么用户在使用过程中，不仅不用关心应用程序本身，而且连服务器和网络装置的设置都无须关心。因此，越是**小规模系统**，越会选择使用SaaS平台。

IaaS 是提供只安装了操作系统但没有安装其他任何应用程序的服务器的服务。因此，用户所使用的应用程序和相关数据库等中间件需要自行安装。

PaaS 是介于IaaS 和SaaS 之间的服务，提供数据库等中间件和开发环境等应用。

如上所述，带有aaS的名词被使用的频率越来越高，如MaaS（Mobility as a Service）变得非常流行。

但是BaaS会像Backend、Blockchain、Banking 一样，根据不同的行业，可能会具有不同的意义，因此使用这类简称的时候需要注意。

图2-19 从内部部署到云服务

企业 / 组织的机房

在机房里可以看到服务器
的外观

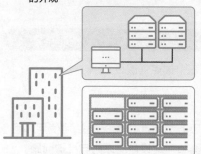

云服务提供商

由于在使用云服务时看不到服务器的外观,
因此不容易意识到它的存在

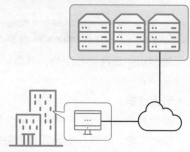

※云服务提供商的数据中心是通过互联网进行访问的。云服务提供商中主要包括Amazon、Microsoft、
Google、FUJITSU、IBM等大型企业

图2-20 SaaS、IaaS、PaaS之间的关系

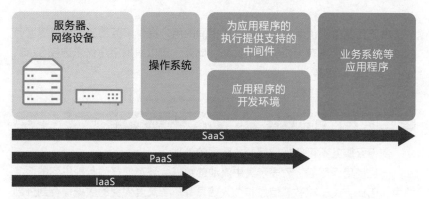

- 在小规模的系统中使用SaaS服务变得非常流行
- 由于为不同的软件配置环境是比较费时间的, 因此使用PaaS或SaaS是比较推荐的做法

知识点

∥通过互联网使用系统的服务统称为云服务。

∥SaaS、IaaS、PaaS 等服务是具有代表性的云服务。

》 云服务的优点与不可忽视的问题

云服务的优点

发展极为迅速的云服务，具有如下三个优点（图2-21）。

- **无须维护**。

 特别是SaaS，由于提供的是全套服务，因此只需关心如何使用即可，极其简单。此外，也无须考虑服务器和网络设备的采购与维护问题。

- **处理灵活**。

 可以根据业务规模的扩展或缩减随机地增加或减少服务器。

- **成本低廉**。

 相较于公司内部购买、开发和运用服务器，云服务的成本控制更加容易。

由于云服务提供商是为很多需求相同的用户提供服务的，因此根据服务的不同，肯定会具有相应的成本优势。此外，可以根据用户需求选择SaaS、IaaS、PaaS等服务。

不可忽视的问题

使用云服务不可忽视的问题是**数据的处理**。

一旦使用云服务，就表示其中流动的数据会被存储在服务提供商的服务器中。因此，关于将敏感信息和个人信息等需要高度保密的数据保存到外部网络是否妥当的问题经常会成为争议的焦点（图2-22）。

当然，这可能与近来大企业内部个人信息因接连出现泄漏的问题有关。而那些不愿意使用云服务的企业是很在意这一点的。

图 2-21　　　　　　　　　　　**云服务的优点**

无须维护: 云服务提供商都会提供维护服务

处理灵活: 可以根据业务规模的扩大或缩小随机地增加或减少服务器

成本低廉: 因为服务提供商是针对大量同类型客户提供服务的

图 2-22　　　　　　　　　**使用云服务不可忽视的问题**

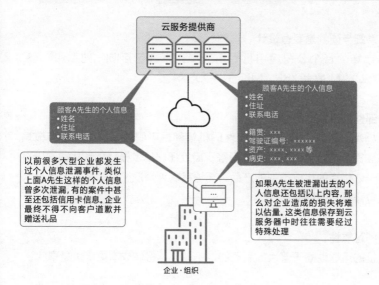

云服务提供商

顾客A先生的个人信息
• 姓名
• 住址
• 联系电话

顾客A先生的个人信息
• 姓名
• 住址
• 联系电话

• 籍贯: ×××
• 驾驶证编号: ××××××
• 资产: ××××、×××× 等
• 病史: ×××、×××

以前很多大型企业都发生过个人信息泄漏事件, 类似上面A先生这样的个人信息曾多次泄漏, 有的案件中甚至还包括信用卡信息。企业最终不得不向客户道歉并赠送礼品

如果A先生被泄漏出去的个人信息还包括以上内容, 那么对企业造成的损失将难以估量。这类信息保存到云服务器中时往往需要经过特殊处理

企业·组织

知识点

✎ 从维护和成本方面考虑, 云服务的规模可能还将进一步扩展。
✎ 由于用户的数据会存储在服务提供商的设备中, 因此担心敏感数据会泄漏的某些企业仍然持观望的态度。

≫ 大型机与超级计算机的区别

大型机是服务器吗

大型机又称通用机或通用计算机。由于大型机是体积更大的计算机，因此在商业数据统计中也被归为服务器的一部分。

之所以被称为"通用"，是因为最早时大型机被分为科技用途和商业用途。但在20世纪60年代后，它就能同时处理这两种情况了（图2-23）。

不过，笔者个人认为大型机与普通的服务器是不同的，具体理由如下。

● **操作系统与硬件是专有设计**。
日本市场中各个公司通用机专用的操作系统包括IBM 的Z 和MVS、FUJITSU的MSP 和XSP、NEC 的ACOS 等。

● **每个部件的机箱都是分离的**。
容纳CPU、内存以及磁盘等部件的机箱都是不同的。此外，也有根据CPU和磁盘的数量划分机箱的型号。最近还出现了根据小型化的需求将机箱一体化后的集成类型的产品。无论是哪种情况，都需要占用比普通的服务器更大的空间。

● **极高的可靠性**。
大型机的可靠性高于普通的服务器。不过，其整体成本更高也是事实。

计算机中的战斗机——超级计算机

超级计算机是专门用于科学计算的计算机，从性能上可以说它是**计算机中的战斗机**。

超级计算机是各大制造商当时所能提供的性能最高的计算机（图2-24）。

图2-23　　　　　大型机的特征

大型机

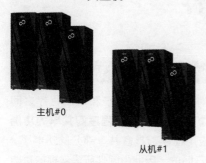

主机#0

从机#1

硬件结构概要

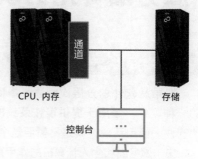

通道

CPU、内存　　　　　　存储

控制台

- 应用于企业和组织的大规模骨干业务中
- 稳定性是其最大的卖点,但是价格也相对较高
- 绝大多数大型机采用的都是主机和从机的双机容错结构

- 大型机在执行管理操作时是通过被称为"控制台"的专用输入/输出设备进行的
- CPU与存储等外部设备进行连接时是通过称为"通道"的专用设备进行的

图2-24　　　　　超级计算机的特征

- 也被称为"超算"
- 具有更强的计算能力、通信性能和更大的存储容量
- 最近也开始重视功耗的控制

相关数据:机箱

机箱是指硬件专用的箱体
服务器机箱的功能主要有如下几点:
- 可以在一定程度上缓和来自外部的冲击
- 防尘、隔音,有的型号还可以防水
- 散热处理

知识点

⟋ 大型机包括其操作系统在内都是专门设计的,可靠性极高但是价格也更高。

⟋ 每种部件的机箱都是分离的,因此需要占用较大的空间。

⟋ 超级计算机是计算机中的战斗机。

» 服务器专用的软件

何谓中间件

如果从软件划分层次阐述，中间件是位于操作系统和应用程序之间的一种软件，是用于**提供操作系统的扩展功能和应用程序间共享的功能**的软件。换句话说，就是不需要各个应用程序都具备共享部分的功能了。

由于服务器和个人计算机的作用是不同的，因此中间件所需实现的功能也不同。如果将服务器比作邮政局，邮政局需要负责将信件配送给每个家庭，也需要通过调整将信件发往国外，而个人计算机所起的作用就相当于接收自家邮箱里的信件以及投递信件。

作为中间件，DBMS和Web服务是比较流行的。

我们在图2-25中展示了包括硬件在内的四个层次。

中间件的代表选手DBMS

DBMS（DataBase Management System）作为保管数据的容器，它**简化了从数据处理到存储的过程**。

需要处理大量数据的系统的后台基本上必须配备DBMS。

从应用程序的开发者的角度来看，只要能与DBMS中发布的接口和数据格式匹配，类似Oracle或微软的SQL Server等DBMS就能提供数据的保存、搜索、分析等通用的功能。

如图2-26所示，用户通常只能看到业务应用程序的界面，而实际上背后大多还运行着DBMS进行数据处理。

第2章

图 2-25　　　　　　　　　　　　　**软件的级别**

DBMS的例子

应用程序	例: 业务系统、Excel
中间件	例: DBMS、Web服务
OS	例: Windows、Linux
硬件	例: 服务器、PC

服务器OS

A · · ·
B · · ·
C · · ·

DBMS

业务App

输入
数据A　　输入
　　　数据B　　　　输入
　　　　　　数据C

业务App　　客户端OS

图 2-26　　　　　　　　　　　　　**DBMS的示例**

DBMS

业务
应用程序

用户通常只能看到业务应用程序的界面,
而实际上背后大多还运行着DBMS

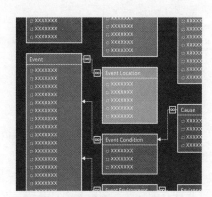

• 上面是RDB (关系型数据库) 的示例
• 没有重复数据,搜索非常方便

知识点

✎ 通常需要使用服务器的应用程序都会使用到中间件。

✎ DBMS是最具代表性的中间件。

开始实践吧

制作客户端应用程序——编写HTML文件

接下来尝试基于共享的信息创建网页。实际的代码遵照HTML标准进行编写。假设我们需要共享刚才示例中的两个项目。

- A服务的合同为××份
- A服务的合同金额××日元

需要共享的信息示例

● HTML代码示例

```
<html> <head>
<title> 信息共享样本 </title> </head>
<body>
4月1日现在 <br>
·A服务的合同 ......10 份 <br>
·A服务的合同金额 ......5000000 日元 <br>
</body> </html>
```


表示换行的意思

为了凸显真实性，在代码中添加了日期和具体的数字。此外，为了便于阅读，在行的开头添加了中点（·）。

将其作为扩展名为.htm或html的文件进行保存。

将保存的文件在浏览器中打开后，就会显示下列信息。

● HTML文件打开后的样子

```
4月1日现在
·A服务的合同 ......10份
·A服务的合同金额 ......5000000日元
```

请尝试写入实际需要共享的信息创建文件。

（续见第72页）

服务器是做什么用的——

虚拟化与周边设备

》 首先是系统，然后才是服务器

系统化的探讨

我们在第1章和第2章中对服务器的概要与基本知识进行了讲解。在第3章中，我们不仅会对服务器进行讲解，还将讲解与服务器相关的技术。

在探讨系统化时，首先需要思考我们需要什么样的系统。

虽然本书是围绕服务器进行讲解的，但是实际上**在探讨服务器之前，需要对系统建立一个具体的印象**。

如图3-1所示，在系统的用户或策划人将脑海中描绘的"想要创建一个这样的系统"变成具体实物的过程中，探讨需要什么样的服务器。

这时，第1章中讲解的三种运用形态、输入/输出以及基于统计和分析等模型化的整理就可以派上用场了。虽然这只是一个探讨的示例，但是如果有一个中心，那么系统化的探讨就可以迅速开展。

因为，如果我们对想要创建的系统有一个大概构想，就可以设想到需要采用什么样的服务器。

将探讨的系统具体化

当我们对系统有了大概构想之后，就需要掌握使用服务器的人数和据点（站点）的数量等系统规模相关的具体数据。一旦掌握了具体的数据，就可以**对想要创建的系统进行概要性的说明**。那么对于选择什么样的服务器，也就变得更加清晰且具体了（图3-2）。

因为只是说"想要创建一个这样的系统"是难以开展具体工作的，但是如果加上各种数据进行探讨，就可以使各种不同的观点相互碰撞，并最终探讨出系统的雏形。

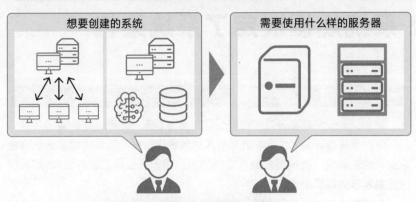

图 3-1　　　　　　　　　　　系统化地探讨与服务器的关系

想要创建的系统　　　　　　　**需要使用什么样的服务器**

- 先建立对系统整体的构想,然后探讨服务器
- 没有人会先去探讨使用什么样的服务器

图 3-2　　　　　　　　　　　　　具体系统地探讨

开发一个这样的系统　→　用户数量、部署规模　→　使用什么样的服务器

要建立对系统整体的印象就要从数据上把握系统的开发规模

衡量系统开发规模的两个单位:

❶人月
按一名工程师每个月需要投入20天进行估算的方法。
例如,如果一个系统需要4个人6个月开发,就是24个人月

❷代码行数
在软件开发中以代码行数为基准进行估算的方法。
虽然不同的系统会有差异,通常1个人月开发的代码在
1 000 ~ 3 000行,这是使用传统的COBOL等语言进
行开发时的估算方法,近年来已经很少采用

另外,也可以采取功能点分析和构造形性成本模型等方法

×6

XXXXXXXX
XXXXXXXXXX
XXXXXXXXXXXX
XXXXXXXXXXXXXXX
XXXXXXXXXXXXXX

←5行代码

知识点

∥在探讨系统化时,首先不会考虑需要使用什么样的服务器。

∥应先对系统的结构进行描述,再对服务器进行探讨。

》 系统规模决定了系统架构

系统的规模

例如，假设刚成立没几年的新公司，需要导入一套新的客户管理系统。

这时就需要像第3-1节中讲解的探讨系统化那样明确具体需要什么样的系统。也就是说，我们要知道"实现该系统需要什么样的硬件和软件"，而这是**由系统的规模决定的**。

从规模上来讲，管理的客户数据是1000人份还是10000人份？可能同时访问系统的员工是10个人还是100个人？虽然实际的数据应该不会有这么大的差异，但是这些条件会对服务器的选择产生很大的影响（图3-3）。

此外，还有必须在多长时间内搜索到客户数据这类**系统性能相关的要求**。系统性能是以毫秒为基准的。如果是超高速的系统，那么要求就可能是千分之几秒到千分之一秒左右。

如果浏览外部的网站，速度稍微慢一点还是可以接受的，但是如果访问公司内部的网站或系统，连接时间超过3秒就会让人无法忍受。

性能的预估与定制

如上所述，从需要导入系统的各种数据推算出大概需要什么性能的服务器的过程称为**性能的预估**。

对性能进行预估，并通过CPU、内存、磁盘、I/O性能等条件来选择服务器则称为**定制**（图3-4）。

性能的预估与定制是在服务器之外的设备中也使用的术语。第8章将对其进行更加详细的说明。

图 3-3　　　　　　　　服务器取决于系统的规模

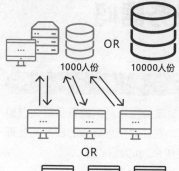

需要管理的客户是1000人份还是10000人份?
→客户数量不同,需要使用的磁盘空间和数据库的大小也完全不同

1000人份　　10000人份

系统允许同时访问的用户数量是10个人还是100个人?
→所需的内存容量会完全不同

从图中可以看到系统规模不同,其所产生的影响的大小也不同

图 3-4　　　　　　　　性能的预估与定制

性能的预估

至少需要达到这种程度的性能的服务器

相关术语: 并发访问数量 (同时连接数量)

是指某一时间点有多少用户会对服务器进行集中访问。在网页服务这类用户数量较多的业务系统中,对服务器性能估是极为重要的参考数据

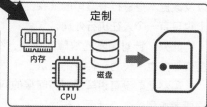

定制

内存　磁盘　CPU

知识点

✐ 系统的规模决定了应当选择什么样的服务器。
✐ 选择合适的服务器称为定制,而在这之前需要对性能进行预估。

真的有必要使用服务器吗

PC也一样能担大任

与以前相比，现在的PC性能变得更高。某些型号甚至拥有了很久以前的服务器的规格。毋庸置疑，现在的PC足以胜任对相当复杂的任务的处理工作。特别是对于小规模系统，建议考虑使用PC作为服务器。

接下来分析一下使用服务器的必要性，主要有以下两点。

● 可以作为多数客户端共享数据的容器使用。
● 必须能够避免系统宕机或丢失数据。

独立的计算机无法像C/S架构那样**作为共享的容器使用**。此外，PC的结构也没有服务器那么牢靠（图3-5）。

没必要一步到位

在探讨系统时，是否真的需要一个共享容器的功能呢？例如，虽然考虑到会有很多员工需要使用这一功能，但是实际上如果对输入数据所需的时间以及数据本身进行考察可能就会发现，即使有多个员工同时输入数据，实际上也只有一个人在执行处理。

此外，针对突发的故障或错误，经常使用DVD或U盘进行备份来避免丢失数据也不失为一种好的方法。

虽然之前没有讲解**投资与回报**的问题，但是在导入服务器和系统时，就需要考虑到这一点（图3-6）。

在正式决定增加导入新的业务系统之前，应当考虑一种低成本的做法，如将应用程序安装到现有的服务器和PC中的成本是否较低。

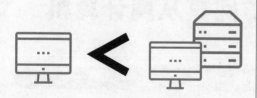

图 3-5　　　　　　　　　　需要服务器的理由

相关数据: 超上流工程

系统开发的工程是指对系统进行设计前后的工作流程。

• 系统化的方向性
• 系统化的计划
• 定义需求

※定义需求也可以作为上流工程的一个环节

在权衡投入产出比时, 系统化的方向性和计划的确立是极为重要的环节

• 作为多个客户端共享数据所需要的数据容器使用

• 系统绝对不允许宕机, 不允许丢失数据

→必须使用服务器

图 3-6　　　　　　　　　　投资与回报的意识

销量
增长

削减
成本

由于服务器比个人计算机的成本更高, 因此需要权衡投入产出比

IT投入产出比

IT投入产出比 = 产出(额度) ÷ 投资额度

投资额度可以根据所需的成本和工时进行计算。产出(额度)则可以根据如下项目进行综合分析:

• 销售增长和成本削减的具体的效果数据
• KPI (Key Performance Indicator) 的实现情况
• 顾客满意度的提升、员工满意度的提升、其他公司的基准数据等价值衡量尺度

知识点

🖉 如果是小规模系统, 应当考虑使用PC是否能够实现所需的功能。

🖉 需要考虑投资与回报的问题。

≫ 服务器如何访问其从属计算机

从服务器访问和从其从属计算机访问是一样的

服务器与其从属计算机之间是通过IP地址进行"交谈"的。

IP 地址是**在互联网中用于识别通信对象的编号**，由4个点将0~255 的数字分隔为4个部分来表示。

由于IP 地址是针对不同网络段定义的，因此在别的网络段中也可能存在具有相同编号的设备。

连接到公司内部的文件服务器时需要指定像"\\x\"这样的路径名，而连接到公司外部的网页时，则需要像http://www.shoeisha.co.jp这样指定URL。虽然在使用时不会注意到这一方面，但是这些操作的背后是与IP 地址紧密相连的。

IP地址与MAC地址

简而言之，IP地址是计算机软件所理解的计算机的地址，而**MAC地址**则是硬件所理解的地址。

MAC地址用于定位网络中设备的编号。实际的MAC地址由6个2位的字母或数字的字符组成，并由5个冒号或连字符连接在一起。

从图3-7中可以看到根据发送端的计算机的IP地址确认MAC地址的详细过程。

应用程序通过指定IP地址，基于地址列表确认MAC地址。虽然有些复杂，但是希望大家能够将其记住。

在图3-7中确认了IP地址和MAC地址后，就可以将数据发送给目的地，如图3-8所示。

这些步骤都是在用户感受不到的情况下瞬间完成的。

图3-7　使用IP地址指定对象并确认MAC地址

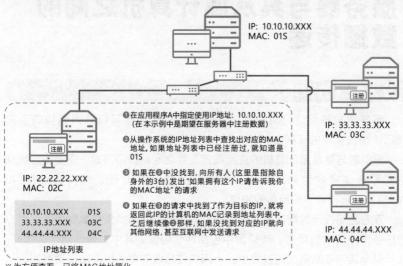

IP: 10.10.10.XXX
MAC: 01S

IP: 33.33.33.XXX
MAC: 03C

IP: 22.22.22.XXX
MAC: 02C

❶ 在应用程序A中指定使用IP地址: 10.10.10.XXX
（在本示例中是期望在服务器中注册数据）

❷ 从操作系统的IP地址列表中查找出对应的MAC
地址。如果地址列表中已经注册过，就知道是
01S

❸ 如果在❷中没找到，向所有人（这里是指除自
身外的3台）发出"如果拥有这个IP请告诉我你
的MAC地址"的请求

❹ 如果在❸的请求中找到了作为目标的IP，就将
返回此IP的计算机的MAC记录到地址列表中。
之后继续像❷那样，如果没找到对应的IP就向
其他网络，甚至互联网中发送请求

10.10.10.XXX	01S
33.33.33.XXX	03C
44.44.44.XXX	04C

IP地址列表

IP: 44.44.44.XXX
MAC: 04C

※ 为方便查看，已将MAC地址简化

图3-8　最终目的地与下一个的关系一步一步前进

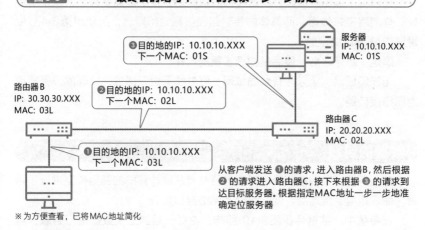

❸ 目的地的IP: 10.10.10.XXX
下一个MAC: 01S

服务器
IP: 10.10.10.XXX
MAC: 01S

路由器B
IP: 30.30.30.XXX
MAC: 03L

❷ 目的地的IP: 10.10.10.XXX
下一个MAC: 02L

路由器C
IP: 20.20.20.XXX
MAC: 02L

❶ 目的地的IP: 10.10.10.XXX
下一个MAC: 03L

从客户端发送 ❶ 的请求，进入路由器B，然后根据
❷ 的请求进入路由器C，接下来根据 ❸ 的请求到
达目标服务器。根据指定MAC地址一步一步地准
确定位服务器

※ 为方便查看，已将MAC地址简化

知识点

✐ 计算机之间传递数据的双方是通过IP地址和MAC地址进行相互定位的。

✐ IP地址是软件所能识别的计算机的地址，而MAC地址是硬件的地址。

≫ 服务器与其从属计算机之间的数据传递

分为四层的TCP/IP

服务器与其从属计算机之间的数据传递是使用可以分为四层表示的TCP/IP协议实现的（图3-9）。

服务器与其从属计算机的应用程序软件之间进行通信时，需要确定数据格式和传递接收信息的步骤。如网页上常见的HTTP、邮件的SMTP和POP3等，都被称为应用层的协议。

双方之间传递数据的方式是由应用层决定的，而负责将数据传递给对方的任务则由传输层负责。传输层中包括两个协议。其中，像使用电话那样，从接通电话到挂断电话的过程中，不用关注接收端就可以不断传递数据的是TCP协议；而每次传递数据都需要明确指定接收端的则是UDP协议。

在确定了数据的传递、发送和接收协议后，接下来需要确定的就是通过什么样的路径来传递。而具体的传输路径被称为网际层，是使用第3-4节中讲解的IP地址决定的。

确定了路径之后，最后是物理工具的选择。

无线局域网、蓝牙、有线局域网、红外线等进行通信的物理的设备层称为网络接口层。

数据的封装

如上所述，我们按照顺序对服务器或其从属计算机的四层模型进行了讲解，即应用层、传输层、网际层以及网络接口层。

在每层中，数据会像图3-10那样，由每一层加上头数据进行**封装**，再传递给下一层。

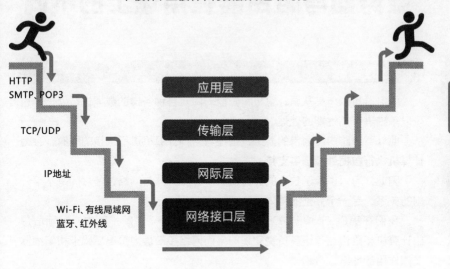

图 3-9　**TCP/IP的四层模型**

下楼梯、上楼梯，将数据传递给对方

HTTP
SMTP、POP3

TCP/UDP

IP地址

Wi-Fi、有线局域网
蓝牙、红外线

应用层

传输层

网际层

网络接口层

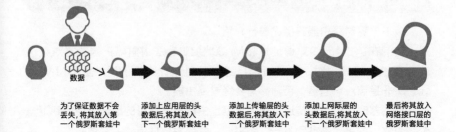

图 3-10　**数据的封装**

数据

为了保证数据不会
丢失，将其放入第
一个俄罗斯套娃中

添加上应用层的头
数据后，将其放入
下一个俄罗斯套娃中

添加上传输层的头
数据后，将其放入下
一个俄罗斯套娃中

添加上网际层的
头数据后，将其放入
下一个俄罗斯套娃中

最后将其放入
网络接口层的
俄罗斯套娃中

进入到对方的网络后，将俄罗斯套娃一层一层地打开，最终取出数据

※ 俄罗斯套娃是俄罗斯著名的民间工艺品。此处将数据传输到的每一层想象成俄罗斯套娃可能有助于理解数据封装。

知识点

🖉 服务器与其从属计算机之间的数据传递需要使用TCP/IP 协议这一分层
模型。
🖉 被传输的数据在每一层进行封装后再传递给下一层。

≫ 服务器与路由器在用途上的不同

用途的差别

服务器可以与其从属计算机和磁盘一同对各种各样的数据进行处理，也可以单独进行高性能的处理。

此外，以路由器为首的网络设备在与各种计算机进行连接的同时，会**为计算机执行数据处理提供支持**。

因此，可以说除了独立的计算机之外，服务器与网络设备之间是不可分割的关系，是一个完整的整体。

我们在第3-5节中对TCP/IP的四个层次进行了讲解。其中，网际层是由计算机和路由器等设备负责实现的，而网络接口层则是局域网卡和集线器发挥作用的地方。

路由器的用途

接下来将对路由器的用途进行介绍。

我们在第3-4节中对IP地址和MAC地址进行了讲解。在服务器对其从属计算机执行处理时，需要指定自身以及对方计算机的IP地址和MAC地址。除非是点对点通信，否则都需要经过路由器。

路由器时常会思考**传递过来的数据是由自己发往目的地还是中继到下一个路由器**。如果是中继到下一个路由器，就会将数据传递给合适的设备。通过反复执行这一处理，最终将数据传递给对方的计算机（图3-11）。

服务器负责对数据进行处理和对其从属计算机进行管理，而路由器则在网络运营中发挥着重要的作用。

此外，服务器还可以像图3-12那样，**监视网络设备的运行状态**。

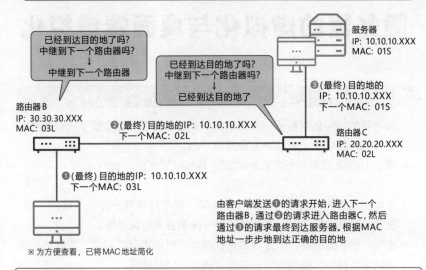

图 3-11 路由器的用途

已经到达目的地了吗?
中继到下一个路由器吗?
↓
中继到下一个路由器

已经到达目的地了吗?
中继到下一个路由器吗?
↓
已经到达目的地了

服务器
IP: 10.10.10.XXX
MAC: 01S

❸(最终)目的地的
IP: 10.10.10.XXX
下一个MAC: 01S

路由器B
IP: 30.30.30.XXX
MAC: 03L

❷(最终)目的地的IP: 10.10.10.XXX
下一个MAC: 02L

路由器C
IP: 20.20.20.XXX
MAC: 02L

❶(最终)目的地的IP: 10.10.10.XXX
下一个MAC: 03L

由客户端发送❶的请求开始,进入下一个
路由器B,通过❷的请求进入路由器C,然后
通过❸的请求最终到达服务器。根据MAC
地址一步步地到达正确的目的地

※ 为方便查看,已将MAC地址简化

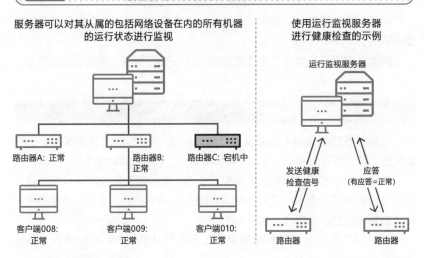

图 3-12 服务器可以监视网络设备的运行状态

服务器可以对其从属的包括网络设备在内的所有机器
的运行状态进行监视

使用运行监视服务器
进行健康检查的示例

运行监视服务器

路由器A: 正常

路由器B:
正常

路由器C: 宕机中

客户端008:
正常

客户端009:
正常

客户端010:
正常

发送健康
检查信号

应答
(有应答=正常)

路由器

路由器

知识点

✎ 路由器在网络通信中发挥着重要的作用。

✎ 服务器可以监视网络设备的运行状态。

》服务器的虚拟化与桌面端虚拟化

用途的不同

服务器的虚拟化是指使一台物理的服务器,在逻辑上实现多个服务器的功能的技术。我们也可将其称为**虚拟服务器**。

图3-13的服务器中包含两种功能,具有以下优点。

- 原本需要设置两台服务器实现的功能,现在只需要一台服务器就可以,因此从设备占用空间和电力消耗等方面来看是有优势的。
- 虚拟化后的服务器可以很容易地在其他服务器中创建副本,或者转移到其他服务器中,因此可以有效应对故障和自然灾害。

但是,单纯地将一台物理服务器分成两台虚拟服务器会有**降低服务器性能**的缺点。

因此,在进行虚拟化时需要相应地提升CPU、内存、网络设备的性能。

台式计算机的虚拟化

在服务器虚拟化技术不断发展的同时,客户端PC的虚拟化技术也在持续发展。这一虚拟化被称为VDI(Virtual Desktop Infrastructure)。

虚拟化包括若干种形式,其中较为主流的做法是在服务器端放置逻辑上虚拟化后的台式计算机,而作为物理的台式计算机的客户端PC则专门用于对虚拟机进行显示和操作(图3-14)。

图3-14下方的台式计算机如果运行在虚拟环境中,即使里面什么都没有安装也是没有问题的。

在第3-8节,我们将从瘦客户端和工作方式革命两方面对VDI技术进行学习。

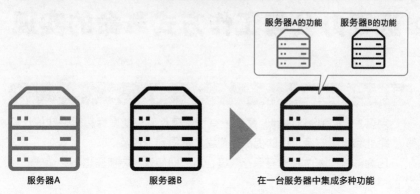

图 3-13　服务器虚拟化的结构

服务器A的功能　服务器B的功能

服务器A　　　服务器B　　　在一台服务器中集成多种功能

VMware、微软 (Hyper-V)、Xen、Citrix等产品比较有名

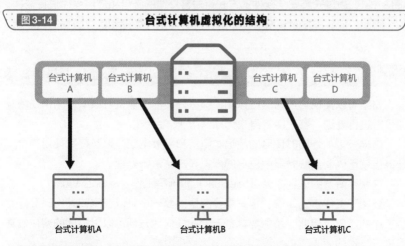

图 3-14　台式计算机虚拟化的结构

台式计算机A　台式计算机B　　　　台式计算机C　台式计算机D

台式计算机A　　　台式计算机B　　　台式计算机C

- 台式计算机通过向位于服务器中虚拟的 "自己" 进行调用的方式工作
- 台式计算机只需配备能够满足调用自身的虚拟机需求的最少的内存和磁盘空间即可

知识点

⊘ 服务器虚拟化技术可以通过使一台服务器在逻辑上具备多台服务器的功能，达到降低成本、提升服务器的集成度以及应对故障和自然灾害的目的。

⊘ 如果将服务器虚拟化，其响应速度可能会下降。

⊘ 客户端PC（台式计算机）的虚拟化技术也在持续发展。

≫ 远程办公与工作方式革命的实现

瘦客户端的普及

瘦客户端（Thin Client）是指没有配备硬盘，只能发挥有限性能的计算机。企业和组织安全意识的提高使瘦客户端得到了普及。

因为瘦客户端中并没有保存数据，所以即使客户端被盗也不会造成非常大的损失。

但是，瘦客户端专用的计算机多半是特殊规格的，其价格绝对不会太低，因此最近增加了很多将标准规格的计算机作为瘦客户端使用的案例（图3-15）。通过安装安全软件的方式可对客户端的磁盘和应用程序进行监视。

因此，瘦客户端也逐渐变成了**通过服务器执行处理和保存数据的客户端**。

工作方式革命的关键因素与远程办公

如果可以实现客户端的虚拟化，那么只要能够连接互联网，无论在哪里都可以进行处理，客户端本身也无须受限于一台。

这样一来，外出时使用的笔记本电脑和平板电脑，以及在家使用的个人计算机就可以调用服务器中自身的虚拟客户端进行处理。

这就是所谓的**远程办公**（telework）和远程工作（remote work）。

要实现**工作方式革命**，至关重要的是需要一个可以在家或外出时高效完成工作的环境。因此，就需要具备无论在任何地方都可以以相同的客户端环境进行工作的VDI。

从图3-16中可以看到，这种工作方式是非常灵活且方便的。

| 图 3-15 | 瘦客户端的结构 |

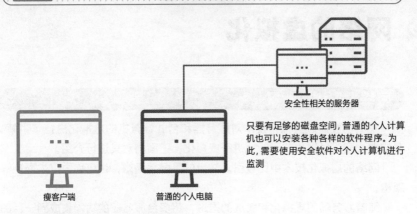

安全性相关的服务器

只要有足够的磁盘空间，普通的个人计算机也可以安装各种各样的软件程序。为此，需要使用安全软件对个人计算机进行监测

瘦客户端　　　　　　普通的个人电脑

- 以前的瘦客户端是非常Thin(瘦小)的客户端
- 瘦客户端只配备了非常有限的磁盘等装置
- 最近将普通的个人计算机作为瘦客户端使用的案例比较多

| 图 3-16 | 工作方式革命与VDI |

VDI(虚拟桌面架构)改变了我们的工作方式

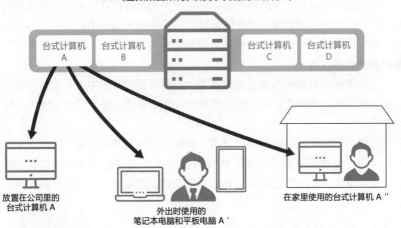

放置在公司里的
台式计算机 A

外出时使用的
笔记本电脑和平板电脑 A´

在家里使用的台式计算机 A´´

知识点

✎ 随着时代的发展，瘦客户端的定义也在发生改变。

✎ 要实现支持工作方式革命的远程工作环境就必须要灵活地运用VDI。

» 网络的虚拟化

网络虚拟化的背景

我们已经通过虚拟化技术对服务器和台式计算机的虚拟化进行了讲解。同样地，网络世界也在不断地进行虚拟化，下面将对其进行介绍。

网络的虚拟化技术中比较引人注目的是扁平网络，也可称为以太网矩阵架构。

随着服务器的虚拟化和集成的推进，将多台服务器的功能集成到一台的操作将会反复执行。如图3-17所示，只要通信环境不发生大的改变，数据通信量会远远超过以往，而且性能也不会衰减。

扁平网络的特点

我们已经讲解过，服务器的虚拟化是使一台服务器具有多台服务器的功能，而台式计算机的虚拟化是使服务器具有多个客户端的功能。

扁平网络是通过将多个网络设备虚拟成一台设备，使一对一的路由变成**多对多的路由**（图3-18）。

这种网络虚拟化的想法是从设置了大量服务器的数据中心诞生的，如果了解之前讲解的各种虚拟化的思路和种类，想必就可以将其应用到各种不同的系统中。

如果将虚拟化的思路应用到日常工作中，也许就能带来巨大的改变。

将一个整体分成多个部分，将包括自身在内的这些部分放在共享容器中，让中继地点和通信通道看上去是一个整体，这是一个非常前卫的理念。

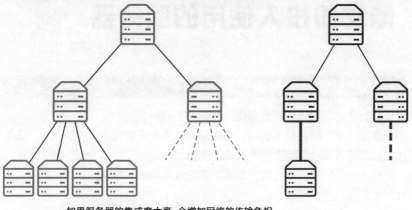

图 3-17 服务器的集成增加网络负担

如果服务器的集成度太高，会增加网络的传输负担

※图中用粗线表示局域网的网线，实际并不需要用粗线

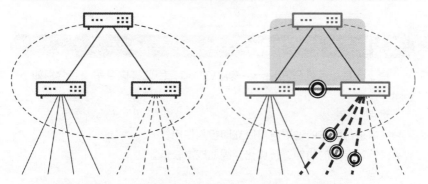

图 3-18 扁平网络的概要

• 将三台网络设备虚拟成一台设备，就可以从多个网络设备中找出最佳路由路径
• ◎ 标记是新产生的路由路径的示例。当然，在实际应用中需要进行必要的物理连接

知识点

∥ 随着服务器的虚拟化和集成度的提升，会极大地增加网络的传输负担，因此网络的虚拟化势在必行。

∥ 扁平网络可能会随着服务器的集成度的提升而得到普及。

能立即投入使用的服务器

按功能设置专用的服务器

在此之前我们已经对虚拟化技术进行了讲解。

虚拟化技术的运用不仅可以提高导入服务器等系统硬件时的效率，在工作方式革命方面也起到了极大的推动作用。

与之完全对立的是，根据每种功能设置专用的服务器的想法，其中具有代表性的是设备服务器。

设备服务器是为了实现特定功能而设置的服务器，安装了硬件、操作系统以及必要的软件（图3-19）。

因此，**只需进行简单的安装就能立即投入使用**，主要应用于邮件和互联网相关的服务器中。

设备服务器的优缺点

由于一台服务器只实现一种专用的功能，因此其优点和缺点分别如下。

优点：
- 只需进行简单的设置就可以立即投入使用。
- 只针对专用的功能进行优化，因此成本较低。

缺点：
- 可执行的处理有限，如果不满足需求就无法使用。
- 难以转换为其他功能。
- 每增加一种功能就需要增加一台设备。

此外，虽然会有一些难以理解，但是有了虚拟设备的想法，那么设备服务器也可以是虚拟化的（图3-20）。

图 3-19 **设备服务器的概要**

硬件 + 软件

例: 文件服务器等特定功能的服务器

| 操作系统 | 中间件 | 应用软件 |

硬件 + 软件

例: 邮件服务器等特定功能的服务器

| 操作系统 | 中间件 | 应用软件 |

• 设备服务器是在服务器硬件中安装好了必备软件的服务器
• 示例中是按功能划分服务器的,因此使用的功能越多,所需的物理服务器的数量也就越多

图 3-20 **虚拟设备与虚拟设备服务器**

在现有的服务器和集成化的服务器中安装虚拟化软件来封装虚拟设备

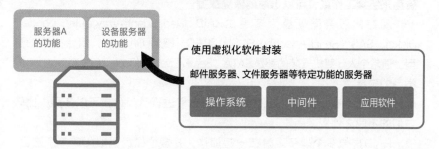

| 服务器A 的功能 | 设备服务器 的功能 |

使用虚拟化软件封装

邮件服务器、文件服务器等特定功能的服务器

| 操作系统 | 中间件 | 应用软件 |

※参考图 3-13 中的服务器的虚拟化就能理解

知识点

✐ 作为可以立即投入使用的服务器,设备服务器可以针对特定的功能安装必要的软件。

✐ 有了虚拟设备的想法,就可以对设备服务器进行虚拟化。

» 服务器磁盘

服务器磁盘的特点

服务器中使用的是比PC硬盘的性能和可靠性更高的磁盘，具体原因如下。

- 由于用户数量多，因此工作负担重。
- 需要24小时不间断地运行。

从图3-21可以看到，其性能上包括延迟、带宽、处理速度等数据指标。

对可靠性的要求

如果是服务器，就要求即使磁盘出现故障，**也可以通过立即更换或增加磁盘来继续工作或者可以迅速地恢复数据**。

现在的服务器硬盘大多是由**RAID**（Redundant Array of Independent Disks）、**SAS**（Serial Attached SCSI）和**FC**（Fiber Channel）组合而成的类型。通常个人计算机安装的都是**SATA**（Serial Advanced Technology Attachment）类型的磁盘。

这些术语有些难懂，在图3-22中对它们进行了简化，可以在图中比较它们的不同之处。

RAID是像多个碟子堆叠在一起那样，将多个磁盘虚拟化成单个磁盘，而SAS与服务器之间有多个接口，所以它们的容错率高，因而可靠性也高。具体内容将在第9章进行详细的讲解。

在这一节中也出现了虚拟化这一术语。虽然我们在说到硬件和软件时不可避免地会涉及虚拟化，但是据说虚拟化的历史实际上是从磁盘开始的。

作为一种技术趋势，被称为SSD（Solid State Drive）的基于闪存的磁盘类型有望得到普及和推广。

图 3-21 　　　　　　　**服务器磁盘所需具备的性能**

对数据传输 (吞吐) 的要求与
个人计算机不同, 其吞吐量很大!

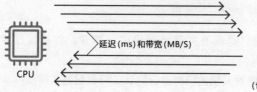

延迟 (ms) 和带宽 (MB/S)

CPU

磁盘
(也被称为存储器)

磁盘需满足以下特点:
·能够快速应答
　(延迟: 从发送通信请求到接收到数据之间的时间间隔, 用ms表示)
　(带宽: 数据的传输速度,用MB/s表示)
·必须能大量 (处理速度、每秒应答的次数) 进行应答

用人来形容的话比较容易理解

→反应速度快的人
→能完成大量工作的人
→工作效率高的人

上述人才是任何职场都欢迎
的类型

图 3-22 　　　　　　　**RAID与SAS的概要**

SAS:
与CPU之间的通信使用两条通道,
因此性能和可靠性更高。而SATA
则只有一条通道

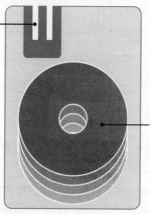

FC是与SAS和SATA完全不同的结构,
主要在大型机中使用。
使用光纤进行数据传输,虽然价格高
昂但是可以实现高速的数据传输

RAID:
将多个物理磁盘排列在一
起, 将其虚拟化成一个磁盘
对数据进行统一读写

知识点

∥服务器安装的磁盘的性能和可靠性高于PC磁盘的磁盘。
∥目前最常用的磁盘是RAID和SAS。

开始实践吧

创建 C/S 应用并思考系统的结构

在此之前，我们对需要共享的信息进行整理，并将其创建成HTML文件。

在这里，我们将对系统的结构进行确认。只要配备了需要共享信息的相关人员可以访问的文件服务器，就说明已经成功地创建了一个完整的架构。

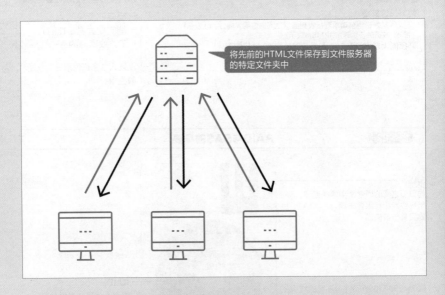

将先前的HTML文件保存到文件服务器的特定文件夹中

可以从自己或相关人员的计算机中通过网页浏览保存在服务器的HTML文件中。

请将HTML文件保存到文件服务器指定的文档中，并将该文件打开。

虽然这是一个简单的应用程序，但是加以善用也可以发挥很大的作用。

（续见第98页）

客户端所对应的角色——

响应从属计算机请求的服务器

≫ 从用户的角度去考虑

业务系统大多数是C/S架构

根据客户端的要求执行处理是服务器的基本功能，也是C/S架构的典型处理方式，因此从**用户的角度**去探讨整个系统的架构是比较合适的。

企业和组织所使用的**大多数业务系统**是基于C/S架构的系统。服务器操作系统也是在C/S架构的基础上构建的。

本章将从根据客户端PC发送的请求执行相应处理的典型服务器开始进行介绍，如大家所熟悉的文件服务器、打印服务器等。

客户端的多样化

稍后将说明，连接到服务器的客户端是多样化的。以前主要是使用PC，但是随着从局域网外部对服务器进行访问的需求变得越来越普遍，平板电脑和智能手机等也成为了客户端（详细内容请参考第1-6节）。

此外，类似物联网（Internet of Things, IoT）这类设备，PC或平板电脑等终端形式以外的各种设备也在逐渐成为客户端（图4-1）。

从用户角度考虑

所谓用户角度，是指**将可以为用户提供什么样的服务作为前提**。也就是说，在什么样的时间接收什么样的数据、接收多少数量的数据，以及具体为客户端提供什么样的处理（图4-2）。

以前的C/S架构系统是在客户端终端以人工操作为前提创建的，而现在包括物联网设备在内的客户端也不一定必须要人工操作了。

图4-1　　　　　　　　　　　　客户端的多样化

绝大部分业务系统
是C/S架构的系统

目前客户端不仅仅是台式计算机，
而是变得更加多样化

现在的物联网设备
也是客户端

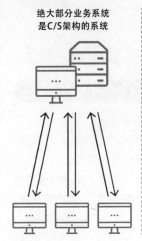

笔记本电脑

平板电脑　　　智能手机

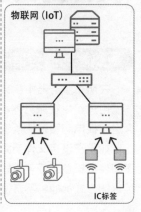

物联网（IoT）

IC标签

图4-2　　　　　　　　　　从用户角度考虑问题很重要

● 站在用户的角度去思考应当提供什么样的服务（系统）
● 从数据的角度去考虑会更容易理解

数据 / 处理	探讨的项目	探讨的结果
服务的概要	提供的是什么样的服务	可以输入咨询和回答的数据，可以在参考历史数据的基础上进行回答
数据	什么样的数据	客户的咨询与针对该咨询的答复
	输入 / 输出的时机	随时
	数据的数量	1个请求1KB左右、1天100个左右的请求
服务的内容	执行的是什么样的处理	输入，历史数据的关键字搜索，数据的分类与显示
	处理的时机	随时输入和搜索，每周更新分类

知识点

∅ C/S架构是服务器的基本功能。

∅ 客户端不仅仅包括PC，平板电脑、智能手机以及物联网设备也在逐渐成为客户端。

∅ C/S架构的要点是从用户角度去考虑需要提供的服务。

第 **4** 章　客户端所对应的角色——响应从属计算机请求的服务器

» 文件的共享

最熟悉的服务器——文件服务器

在所有服务器中，**文件服务器**是我们最熟悉的服务器。

用户可以在服务器和从属计算机之间生成、共享和更新文件。近年来，通过平板电脑和智能手机从网络的外部共享文件的企业也在增加。

如果在没有文件服务器的情况下共享文件，就需要像图4-3那样通过电子邮件或设置蓝牙连接等方式发送文件，或者使用U盘、CD、DVD等介质，但这些方式都非常不方便。

访问权限的设置

文件服务器的特色功能之一就是允许**设置访问权限**。

在Windows Server中可以将用户分组，主要分为以下三种权限。

- 完整权限（可以创建和删除文件）。
- 变更。
- 读取与执行。

企业和组织中，经常会对管理人员与普通员工、组织内部人员与外部人员的权限进行区分设置。

此外，在UNIX中将各个文件设置为r（Readable，只读）、w（Writable，只写）、x（可执行,Executable），分别用4、2、1来表示。由于文件的所有者和开发人员拥有全部三种用户权限，因此是7（=4+2+1），而只有执行权限的用户则是1。

如图4-4所示，Windows Server访问权限的设置是由更为详细的基于角色的权限控制的模型提供的。

图 4-3 .... 如果没有文件服务器会怎么样

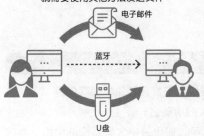

如果没有文件服务器，
就需要使用其他方法发送文件

电子邮件

蓝牙

U盘

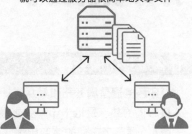

如果有文件服务器，
就可以通过服务器很简单地共享文件

相关术语：NAS (Network Attached Storage, 联网存储装置)
是连接到网络当中的一种存储装置，可以为接入网络的用户提供文件共享服务

第 **4** 章 客户端所对应的角色——响应从属计算机请求的服务器

图 4-4 .... **Windows Server中设置访问权限的示例**

相关术语:
基于角色的权限控制
(Role-base access control)

是一种可以与组织内部的职位(普通员
工、管理人员等)的权限相关的用户和
用户组安全管理模型

使用基于角色的权限控制可以对各类文
件、业务应用软件的访问权限按照员工
的不同职位进行设置

知识点

⎘ 文件服务器是大家最熟悉的服务器，可以共享文件。

⎘ 文件服务器的特色功能之一是可以根据用户的权限设置文件的访问权限。

≫ 打印机的共享

什么是打印服务器

　　打印服务器是服务器和其从属计算机用于共享打印机的服务器。

　　打印机的共享是近十年来变化最大的功能之一。

　　图4-5展示了它们的演变历程。以前，如果是中大型规模的组织，就需要将打印服务器设置为可以从客户端共享一台或多台打印机；如果是小规模的组织，则无须使用打印服务器，只需使用一台网络打印机即可。

　　随着硬件的小型化和印刷电路板的高速发展，近年来打印服务器被内置到了打印机或复合机等设备的内部。如果不断将服务器集成到打印机和复合机中，独立的打印服务器也可能会变得越来越少见。

对无线局域网的支持

　　随着打印服务器不断地被内置到复合机中，**使用无线局域网的网络打印机**也在不断增加。从图4-6中可以看到，不仅使用场景多样化，而且可以设置打印机的访问权限。

　　企业和组织所使用的复合机和打印机是比较大型且笨重的。如果可以连接无线局域网，则不仅可以在设置后立即使用，还可以大大提高办公室布局的自由度。

　　此外，如果和用户认证相结合，还可以响应**来自移动终端的打印请求**。

　　从上述内容可以看出，最新的打印机和复合机是一种根据用户与市场的需求不断进化成长的产品。将来，无纸化浪潮也许会冲击打印机行业，不过就算非打印时代真的到来，也同样可以期待打印服务器完成其最终的进化。

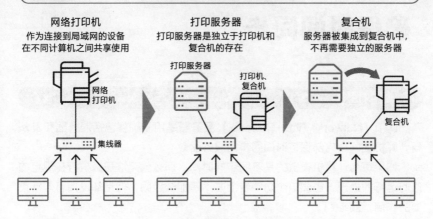

図4-5 打印机和打印服务器的演变历程

网络打印机
作为连接到局域网的设备
在不同计算机之间共享使用

网络打印机

集线器

打印服务器
打印服务器是独立于打印机和
复合机的存在

打印服务器

打印机、复合机

复合机
服务器被集成到复合机中，
不再需要独立的服务器

复合机

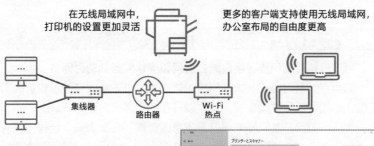

图4-6 打印机的使用场景与访问权限

在无线局域网中，
打印机的设置更加灵活

更多的客户端支持使用无线局域网，
办公室布局的自由度更高

集线器

路由器

Wi-Fi
热点

打印机也可以设置访问权限（使用者权限），在目标
打印机的属性中可以设置安全访问权限（Windows
10的设置画面示例）

知识点

✎ 打印服务器是作为共享打印机的服务器而被熟知的，不过，现在越来越多
的服务器功能被内置到了打印机和复合机内部。

✎ 由于人们期望对办公室布局有更高的自由度，使用无线局域网的需求正在
不断增长。

第4章 客户端所对应的角色——响应从属计算机请求的服务器

» 确保时间同步

时间的同步

NTP（Network Time Protocol）服务器是用于确保包括服务器和其从属计算机在网络内部保持**时间同步**的服务器。

如果每台计算机设置的是不同步的时间，那么就无法正确执行在规定的时间运行的处理。虽然这个功能看上去不是那么显眼，但是却发挥着非常重要的作用（图4-7）。

服务器、PC、网络设备以及其他装置的内部原本包含着时间信息，只要将这些设备设置为同一时刻并保持同步即可。

同步时间的方法

为了保持时间同步，**客户端会询问和确认服务器的时间**。

如果有大量对时间要求很严格的处理，可以设置固定的、较短的间隔进行确认；如果不是这类情况，就可以只在每次通信时进行确认。

大家可能会产生"NTP服务器本身的时间不会出错吗"这样的疑问。

为了避免这种情况的发生，NTP服务器与提供日本标准时间的情报通信研究机构（NICT）的NTP服务器和人造卫星的时间是保持同步的。

NTP服务器的顶点是使用Stratum 0这一专业术语称呼的，而网络内部的NTP服务器则称为Stratum 1，客户端的计算机是分层结构中的Stratum 3或Stratum 4。Stratum 1的服务器向Stratum 0确认后，Stratum 2就会向Stratum 1进行确认，以绝对的分层关系保证时间准确（图4-8）。

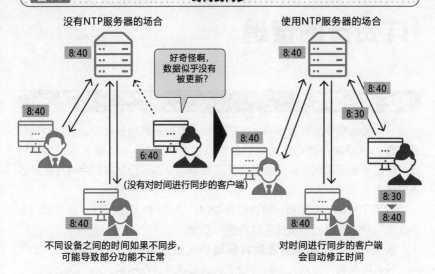

图 4-7　　时间的同步

没有NTP服务器的场合

8:40

好奇怪啊，数据似乎没有被更新?

8:40

6:40

(没有对时间进行同步的客户端)

8:40

不同设备之间的时间如果不同步，
可能导致部分功能不正常

使用NTP服务器的场合

8:40

8:40

8:30

8:40

对时间进行同步的客户端
会自动修正时间

8:40

8:30
▼
8:40

图 4-8　　保持同步的分层结构

NICT(情报通信研究机构)提供了日本标准时间的NTP服务器

NTP服务器名: ntp.nict.jp

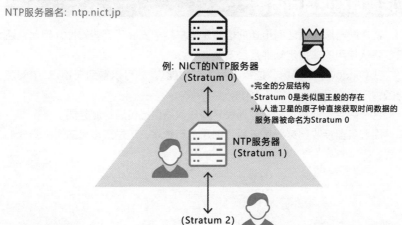

例: NICT的NTP服务器
(Stratum 0)

NTP服务器
(Stratum 1)

(Stratum 2)

• 完全的分层结构
• Stratum 0是类似国王般的存在
• 从人造卫星的原子钟直接获取时间数据的
服务器被命名为Stratum 0

知识点

✎ NTP服务器提供确保网络内部设备时间同步的功能。

✎ 为了保证时间不出差错，从提供标准时间的NTP服务器中逐层获取时间。

IT资产的管理

客户端的管理

企业和组织中运行着各种各样的系统。作为系统的管理方，需要将这些系统作为**资产**进行透明化管理。虽然我们会对PC等设备编号进行资产管理，但是也需要了解这些设备是否正在使用以及购买的软件使用许可证是否正在使用等情况。

像桌子和椅子等实物，可以边看边数，但是PC 是否运行、正在使用应用程序等状态管理则需要使用软件进行处理。

图4-9展示了**在服务器和客户端中安装专用的软件的结构**。

服务器与客户端双方的软件按照企业和组织定期联系。

所获取的信息的内容

客户端与服务器之间传递的信息是客户端中安装了哪些软件。因此，还包含确认使用的非指定软件是否安全。

在Windows 电脑中，选择**"程序与功能"**，就可以看到在该PC中安装的各种应用程序列表（图4-10）。

客户端会定期将这个软件列表转换成数据信息传递给服务器。

而服务器接收到这些信息后会创建资产账本，这是最常见的资产管理的方式。

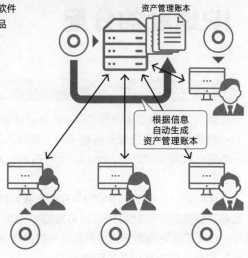

图4-9　在服务器和客户端中安装专用的软件

- 在服务器和客户端中同时安装专用的软件
- 也有可以自动生成资产管理账本的产品

- 软件资产管理工具也被称为 "软件清单工具"

- 也有通过类似功能实现 软件许可证管理的专业软件

- 软件资产的管理是定期 进行周期性管理的
  ▶ 客户端在使用软件吗
  ▶ 客户端安装了哪些软件

图4-10　从客户端传递过来的信息

名　称	发行方	安装日期	大　小
Adobe Acrobat Reader DC	Adobe Systems Incorporated	2017-4-1	230MB
...	...		
ffftp	KURATA.S	2017-4-1	2.5MB

- 按照设定的时间间隔将Windows的"程序与功能"画面中所显示的软件列表信息 发送到服务器中
- IT资产管理类的产品主要由面向法人的计算机销售商提供
- 此外, CAD和建筑行业、汽车制造行业等使用的结构分析软件采用的是否为实时的对 软件许可协议的授权进行检测的软件许可证服务器

知识点

🖊 不仅需要对连接服务器设备的物理资产进行管理，还需要对软件进行资产 管理。

🖊 在服务器与客户端中安装专用的软件后，就可以将相当于客户端的"程序 与功能"中的数据集中到服务器上。

» IP地址的分配

IP地址的授予

我们在第3-4节中介绍了网络设备都具备IP地址。

将新的计算机连接到网络中时，**需要为其分配IP地址**，而负责执行这一处理的就是DHCP（Dynamic Host Configuration Protocol，动态主机配置协议）。

连接到网络的客户端会访问存在于服务器操作系统中的DHCP服务，并获取其自身的IP地址和DNS服务器的IP 地址等信息（图4-11）。

DHCP端则会为新连接到网络中的客户端在允许的范围内分配还未被使用的IP地址作为客户端的IP地址。

IP地址的范围和有效期的设置操作是由系统管理员在服务器上进行的。

所获取的信息的内容

服务器和网络设备等重要设备的作用基本上是不会发生变化的，因此，通常会为其分配固定的IP地址。而客户端则会因为各种原因发生变化，因此更适合使用DHCP动态地分配IP地址。特别是有很多设备（人）连接网络的企业和组织，一般都是采用这种方式分配IP地址的。

以前的做法是由系统管理员在接收申请后分配IP地址，而随着DHCP的普及与集成到操作系统中，企业和组织使用DHCP进行IP地址管理的做法已经极为普遍。

DHCP服务和客户端之间分配IP地址的过程，**是在确认连接网络后所执行的特殊处理**。在交互的过程中，通信数据包的头部一定会带有DHCPxx这一"暗号"来进行IP地址等信息的传递（图4-12）。

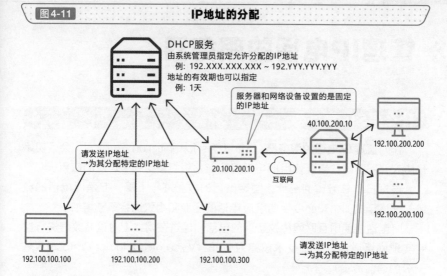

图 4-11 IP地址的分配

DHCP服务
由系统管理员指定允许分配的IP地址
例：192.XXX.XXX.XXX ~ 192.YYY.YYY.YYY
地址的有效期也可以指定
例：1天

服务器和网络设备设置的是固定的IP地址

40.100.200.10

192.100.200.200

请发送IP地址
→为其分配特定的IP地址

20.100.200.10

互联网

192.100.200.100

请发送IP地址
→为其分配特定的IP地址

192.100.100.100   192.100.100.200   192.100.100.300

图 4-12 分配IP地址的过程

DHCP普及前

接收申请后由系统管理员
手工分配IP地址

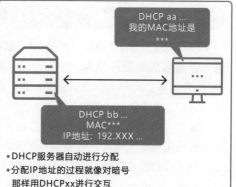

DHCP普及后

DHCP aa ...
我的MAC地址是
***

DHCP bb ...
MAC***
IP地址：192.XXX ...

• DHCP服务器自动进行分配
• 分配IP地址的过程就像对暗号
那样用DHCPxx进行交互

知识点

✎ 服务器操作系统中的DHCP服务可以动态地管理客户端的IP地址。

✎ 以前需要设置DHCP服务器，因此通常将其称为DHCP服务器，但是现在它只是服务器操作系统内部支持的一种功能。

》 管理IP电话的服务器

什么是SIP服务器

作为**管理IP电话的服务器**，SIP（Session Initiation Protocol，会话初始化协议）服务器在需要使用IP电话的企业和组织中得到了广泛的应用。

根据日本总务省的统计，固定电话的数量逐年下降，但是IP电话的数量却在逐年增加，想必今后使用IP电话的企业和组织也会不断增加。

IP电话是使用互联网协议实现的电话，通过在网络上对语音数据进行控制实现网络通话。这一技术被称为**VoIP**（Voice over Internet Protocol，基于IP的语音传输）。

在VoIP技术的基础上，负责对接通和挂断电话等通话呼叫进行控制的是SIP协议。

SIP服务器的功能

SIP服务器负责的操作只是**确认电话呼叫方的通信对象的IP地址，并开通一条通信线路进行呼叫**。当开始通信时，IP电话之间就可以直接通话。SIP服务器是由用户和IP地址的对照表、创建和更新对照表的功能、支持启动通话的功能等部分所构成的（图4-13）。

这些功能集成在一起由一台服务器进行处理。

还记得第3-10节中的设备服务器吗？

如果目前还没有导入IP电话，使用包含SIP服务器功能的设备服务器就可以快速实现使用IP电话进行通话（图4-14）。

打印服务器市场中有复合机制造商的加入，而面向SIP服务器和中小规模办公室的设备服务器市场则有电话机制造商的加入，它们和传统的服务器制造商之间正进行着激烈的竞争。

图 4-13   **SIP服务器的功能**

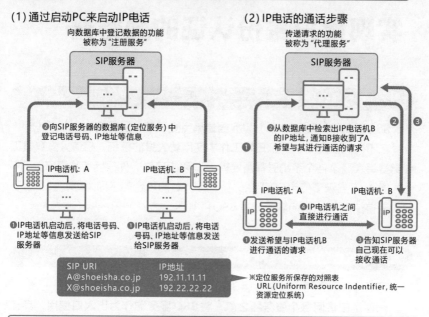

(1) 通过启动PC来启动IP电话

向数据库中登记数据的功能
被称为"注册服务"

SIP服务器

❷向SIP服务器的数据库(定位服务)中
登记电话号码、IP地址等信息

IP电话机: A   IP电话机: B

❶IP电话机启动后,将电话号码、IP地址等信息发送给SIP服务器

❶IP电话机启动后,将电话号码、IP地址等信息发送给SIP服务器

SIP URI	IP地址
A@shoeisha.co.jp	192.11.11.11
X@shoeisha.co.jp	192.22.22.22

(2) IP电话的通话步骤

传递请求的功能
被称为"代理服务"

SIP服务器

❷从数据库中检索出IP电话机B的IP地址,通知B接收到了A希望与其进行通话的请求

❶ ❷ ❸

IP电话机: A   IP电话机: B

❹IP电话机之间直接进行通话

❶发送希望与IP电话机B进行通话的请求

❸告知SIP服务器自己现在可以接收通话

※定位服务所保存的对照表
URL(Uniform Resource Indentifier,统一资源定位系统)

图 4-14   **维持同步的层级结构**

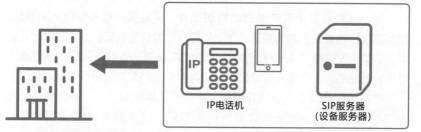

IP电话机   SIP服务器(设备服务器)

导入SIP服务器(设备服务器)与IP电话机后,就可以更早地使用IP电话进行通话

第**4**章 客户端所对应的角色——响应从属计算机请求的服务器

知识点

✎固定电话呈逐年减少趋势,IP电话呈上升趋势。

✎SIP服务器可以实现在互联网上使用IP电话进行通话的功能。

✎随着SIP服务器导入案例的不断增加,市场上也出现了包含SIP功能的设备服务器,因此IP电话的导入也变得更加简单。

» 实现用户身份认证的服务器

什么是SSO服务器

SSO（Single Sign On）服务器是单点登录服务器的简称。

在不同的企业中，员工日常工作中使用着大量的系统。相信大多数员工会觉得每次登录各个系统时都需要输入ID和密码是一件很麻烦的事情。

图4-15展示了使用SSO和没有使用SSO的场合的不同之处，其中用于解决没有使用SSO的问题的就是SSO服务器。

实现SSO功能的两种方法

可以通过以下两种方法实现SSO的功能。

一种是**在访问各个服务器之前，将SSO服务器作为出入口使用**，具体操作如图4-16所示。这一处理被称为反向代理，可以代表用户登录各个系统。

另一种是**使各个系统和SSO密切配合，只要用户登录任意一个系统，就可以轻松地登录到其他系统**。这一处理被称为**认证助理**。如果只是想立即导入SSO，使用不会对原有用户和各系统的物理配置造成影响的认证助理是比较合适的，但是需要验证是否可以与各个系统成功地进行联动。

虽然反向代理会改变物理架构，但是只要能够解决这一点，实现SSO的门槛就会更低。后面还会讲解相关知识，这里只需要结合图4-15和图4-16了解以下观点即可。

- 虽然改变物理架构更容易达到目的，但是需要重新考虑原有的网络结构。
- 如果希望可以尽量不改变物理架构，则需要更长的验证时间，那么原有的网络架构几乎可以保持不变。

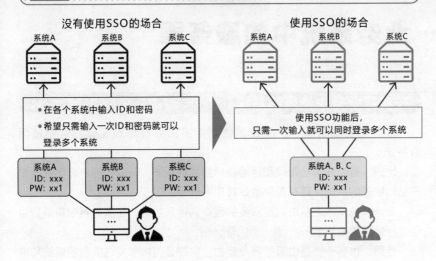

图 4-15　　　　　　　　　　　有无SSO的场合

没有使用SSO的场合

系统A　　系统B　　系统C

- 在各个系统中输入ID和密码
- 希望只需输入一次ID和密码就可以登录多个系统

系统A
ID: xxx
PW: xx1

系统B
ID: xxx
PW: xx1

系统C
ID: xxx
PW: xx1

使用SSO的场合

系统A　　系统B　　系统C

使用SSO功能后，
只需一次输入就可以同时登录多个系统

系统A、B、C
ID: xxx
PW: xx1

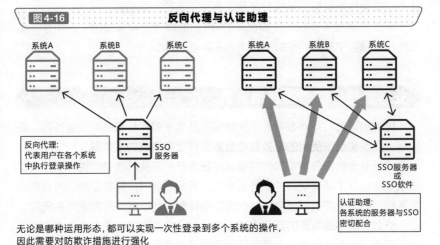

图 4-16　　　　　　　　　　　反向代理与认证助理

系统A　　系统B　　系统C

反向代理:
代表用户在各个系统
中执行登录操作

SSO
服务器

系统A　　系统B　　系统C

SSO服务器
或
SSO软件

认证助理:
各系统的服务器与SSO
密切配合

无论是哪种运用形态，都可以实现一次性登录到多个系统的操作，
因此需要对防欺诈措施进行强化

知识点

🖉 使用SSO可以解决单独登录多个系统时的烦琐操作问题。
🖉 实现方式包括代替用户进行登录操作的反向代理和需要与服务器配合的认证助理两种。

》业务系统中的服务器

在实际业务中使用的系统

提到企业和组织中的系统，估计很多人会联想到实际业务中使用的系统。

比如，有处理考勤管理和运输费用结算的系统，有输入客户订单并安排产品和服务的系统，还有各种绩效管理系统等。

业务系统基本上是由数量众多的客户端输入数据，在服务器端将数据整合进行处理的架构。

当然，也有一些是由服务器发起的，像在公司内部发送信息的系统和确认员工安全的系统等，但这只是整个系统生态的一小部分。

绝大多数业务系统是由如图4-17所示的物理架构集成的。近年来，手机终端也得到了支持，虚拟化技术也在不断进步。

业务系统的服务器是最多的

提到服务器，可能很多人最先想到的是电子邮件和互联网的服务器，而实际上**企业和组织使用的服务器中最多的是业务系统的服务器**。

业务系统包含各种不同的种类，如在本节的开头已经举例说明了企业和组织中所有员工使用相同的业务系统，只有相关部门使用的是部门内部的业务系统，还有一些根据使用人数而定的特殊部门或小组使用的业务系统等。

业务系统中最重要的是用户输入的数据。它的价值即使在未来也不会改变。因此，在服务器中，主角实际上可能是业务服务器。

此外，在不同的业务中，为了**分散服务器的负载**，还可能需要设置应用软件服务器（图4-18）。

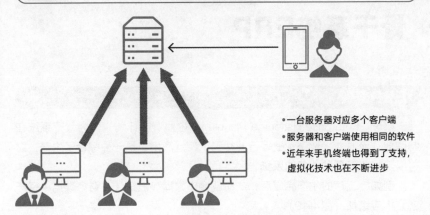

图4-17　　业务系统的物理架构

- 一台服务器对应多个客户端
- 服务器和客户端使用相同的软件
- 近年来手机终端也得到了支持，虚拟化技术也在不断进步

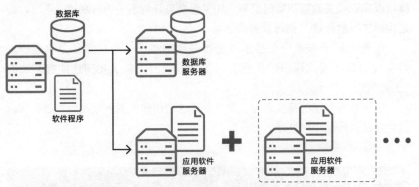

图4-18　　应用软件服务器与数据库服务器

数据库

软件程序

数据库服务器

应用软件服务器

应用软件服务器

- 在规模相对较大的业务系统中，绝大多数用户使用的都是相同的软件程序
- 根据数据吞吐频率的不同，为了分散服务器的负载，需要导入针对用户的操作画面和处理进行优化的应用软件服务器

如果用户数量庞大，软件程序的使用频度很高的话就需要设置更多的应用软件服务器

知识点

- 业务系统的服务器绝大多数是基于C/S架构的。
- 企业和组织中使用最多的是业务系统的服务器。
- 为了分散服务器的负载，通常会将服务器分为应用软件服务器和数据库服务器分别进行设置。

》 骨干系统ERP

ERP概要

ERP（Enterprise Resource Planning，企业资源计划）作为骨干系统在制造业、流通业、能源企业等行业得到了广泛应用，是一种综合了生产、财务以及物流等**各种业务的系统**。

例如，工厂的生产完成后，产品就会作为库存被统计，财务数据中资产就会相应增加（图4-19）。

有整体使用ERP 对所有数据进行集中管理的企业，也有将ERP与其他系统进行联动作为部分系统使用的企业。**如果在广泛的范围内使用ERP，就可以实现相关数据的实时更新**。如果需要与其他系统进行联动，则可以通过定期执行批处理[1]进行数据的更新。

也有将ERP与多个业务系统进行联动的情况。有些企业是只要ERP能实现的都尽量依赖ERP执行业务，可以说ERP确确实实是业务系统的"王者"。

如果从客户端的角度来看，就相当于这边创建并输入数据后，服务器端就会自动执行相应的处理。

ERP系统的结构

ERP是从客户端调用应用程序服务器中的应用程序执行处理的。这与从浏览器中打开Web服务器中的网站浏览网页是一样的（图4-20）。

由于是全体员工共同使用的系统，因此设置**应用程序服务器**就可以灵活地应对客户端的增加或减少。在第4-9节中讲解过可以将业务系统分成单独的数据库和应用程序。

与大规模的业务系统一样，ERP包括在实际业务中使用的**生产系统**和用于应用程序的开发及维护的**开发系统**的服务器。

[1] 针对大规模的数据处理，避开有大量用户使用系统的时间段，选择在夜间或节假日执行处理。

图 4-19　　　　　　　　　业务系统的ERP

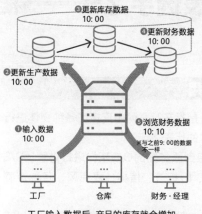

❸更新库存数据
10：00

❹更新财务数据
10：00

❷更新生产数据
10：00

❶输入数据
10：00

❺浏览财务数据
10：10
※与之前9：00的数据
不一样

工厂　　　　　仓库　　　　　财务·经理

工厂输入数据后，产品的库存就会增加，
财务数据中资产就会增加

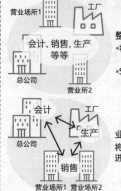

ERP大致可以分为
整体型和业务型两大类

营业场所1

会计、销售、生产
等等

总公司

营业所2

整体型：
•将企业的所有业务打包
为一个整体
•SAP和Oracle比较有名

会计

生产

总公司

销售

营业场所1　营业所2

业务型：
将每种业务分别打包并
进行联动

图 4-20　　　　　　　　　ERP系统的结构

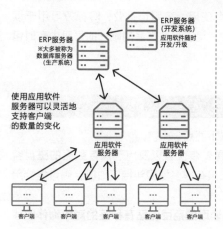

ERP服务器
(开发系统)
应用软件随时
开发/升级

ERP服务器
※大多被称为
数据库服务器
(生产系统)

使用应用软件
服务器可以灵活地
支持客户端
的数量的变化

应用软件
服务器

应用软件
服务器

客户端　客户端　客户端　客户端　客户端

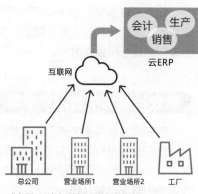

会计　生产

销售

云ERP

互联网

总公司　　营业场所1　营业场所2　　工厂

•业务型ERP也有通过云服务提供的产品
•在本示例中不同业务间的联动是通过云ERP实现的

知识点

✐ERP可以将各种不同的业务系统整合在一起，然后对数据进行集中管理。

✐如果某一业务的数据发生变化，那么其他联动业务的数据也会自动发生
变化。

》 数字化技术的代表选手之一——物联网服务器

摄像头、IC标签的物联网应用

物联网（Internet of Things，IoT）是指在互联网中连接了各种物体进行数据的传递。物联网同时也是数字技术的代表之一。

本节将物联网装置假设为上传信息到服务器的C/S架构进行讲解。C/S架构的物联网装置的代表包括摄像头、IC标签、信标、麦克风、各种传感器、GPS、无人机等。

近年来，导入案例激增的是摄像头。例如，在工厂中的生产线上成品或零件的移动，当移动到摄像头的正面时，摄像头会拍摄图像并将图像发送给服务器，而服务器会对图像进行解析，如果发现缺少必备的零件就会自动发出警报（图4-21）。

IC标签在服饰行业和工厂中也有使用。在服饰行业，IC标签可用于读取商品的编码和其他信息。在工厂中，用于识别产品的唯一的号码中有时包含车间的编号和完成时间。

物联网系统中的注意事项

在研究物联网系统时需要注意以下要点。

对于摄像头而言，需要注意的是安装位置以及用于保存数据的磁盘容量。图像数据的尺寸比较大，因此如果有很多摄像头持续拍摄，则可能会用完可用的磁盘空间（图4-22）。

对于IC 标签而言，需要考虑可读取的范围和贴有标签的对象物体的移动，以及写入什么样的数据，这一点是非常重要的。

想必今后的物联网技术会在各种不同的场景中发挥更加积极的作用，与研究普通的系统和开发不同，对它的研究是具有一定难度的。

实际上在研究系统和开发时，将移动的物体或人作为对象是十分有趣的。

图 4-21 摄像头与IC标签

	转发数据的示例	PC的作用
摄像头	图像文件示例： 201904010001.jpg	将由摄像头生成的图像文件发送到服务器上指定的文件夹内
IC标签	IC标签中的内存里的数据示例：商品代码、制造编号等	将从IC标签读取的信息发送给服务器
物联网系统的平台		IT销售商、云服务提供商、制造业厂商等提供可用于保存物联网的各种数据的平台

图 4-22 物联网系统将移动的物体作为对象

图像文件的尺寸、上传的时间间隔、文件保存多长时间　　摄像头安装在什么位置

上传数据的时间间隔、数据保存多长时间　　读取IC标签的天线的设置场所　　IC标签　　IC标签　　对象物体的移动速度和范围

● IC标签的两种模式

模　　式	功　　能
发出命令后执行IC标签的读取/写入操作	按下Enter键之后，从天线发出电波进行读取等
当IC标签在读取范围内时读取/写入	经常发出电波，当进入通信范围内时自动读取。图4-22展示的就是此种模式

知识点

✐ 在物联网系统中包含定期或不定期传递数据的物联网装置。

✐ 物联网系统是一种需要从物联网装置的安装位置、数据的读取方式和间隔时间等多方面综合考虑，需要从与研究普通系统不同的角度来研究的非常有趣的系统。

» 从文件服务器看Windows Server 与Linux的差异

Windows Server与Linux在设置上的不同

我们在第4-2节中对文件服务器进行了讲解。在这里，将以文件服务器为例，来讲解Windows Server与Linux的软件架构的不同之处（图4-23）。

Windows Server中提供了各种各样的服务器的功能，因此可以在图形界面中进行选择和设置。

虽然不同的Linux 发行商 [1] 会有些许差异，但是大多都会安装常用的必备软件。实际上，Windows Server和Linux是没有太大不同的，在Linux中提供类似功能的软件的名字会不同，设置的方法也会根据软件的不同而有所差异，可能会需要花费一些时间。但是，"需要这个功能就使用这个软件"已经逐渐成为一种常识。

Windows Server的场合

在Windows Server的服务器管理器的控制面板中，单击添加"角色和功能"，就会看到**选择服务器角色**的画面。

然后，可以从列表中选择"文件服务器"和"文件服务器的资源管理器"增加服务器的功能（图4-24）。

可以使用"文件服务器的资源管理器"对管理员的注册和容量的限制等信息进行定义。

Linux的场合

在Linux上安装一款名为**Samba**的具有文件服务器功能的软件之后，就可以对Samba的访问和工作组相关的内容进行设置。有些Linux发行商可能已经安装了Samba。

[1] 指为了可以让企业、组织和个人方便地使用Linux，提供操作系统和必要的应用软件的集成环境的企业与组织。其中，具有代表性的是收费的Red Hat Enterprise Linux（RHEL）、SUSE Linux Enterprise Server（SUSE）和免费的Debian、Ubuntu、CentOS 等。

图 4-23　　　　　　　　　　　　　　**软件构成的不同**

Windows Server的文件服务器　　　　　　　　　Linux的文件服务器

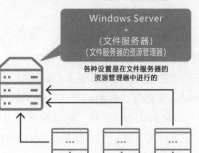
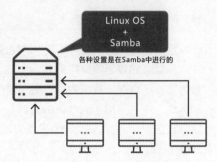

其他的例子，比如电子邮件服务在Windows中是作为信息平台的ExchangeServer提供的功能。在Linux中则是使用SMTP服务器软件Postfix和Sendmail、POP3/IMAP服务器软件Dovecot等单独进行安装和设置的
※电子邮件服务将在第5章中进行讲解

图 4-24　　　　　　　　　　　　　　**设置画面的示例**

Linux (CentOS) 中的
Samba的安装画面

Windows Server的
"服务器角色选择"画面

知识点

🖊 在Windows Server中可以选择和设置必要的服务器角色使用服务器。

🖊 在Linux中可以根据所需的功能安装必要的软件。

NTP服务器的设置

接下来我们将对第4-4节中讲解过的NTP服务器进行设置。

例如，如果要将家用的Windows PC作为客户端PC来设置NICT的NTP服务器，可以在计算机的"设置"窗口中依次选择"时间和语言"→"日期和时间"→"添加不同地区的时钟"→"Internet 时间"→"更改设置"，并将默认的time.windows.com设置为NICT的NTP（这里所介绍的是Windows 10的步骤）。

设置画面示例 [1]

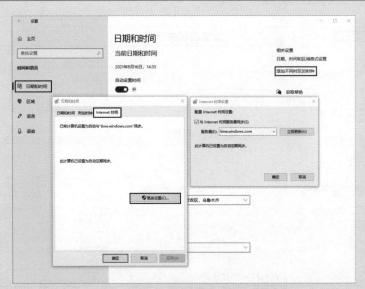

虽然或许可以从企业和组织的Windows的客户端PC的本地分组策略编辑器看到相关的设置，但是通常情况下，客户端PC是不允许访问的。

如果客户端可以对设置进行变更，就会发生有的系统的时间无法同步的问题，如图4-7所示。

当然其实也没有必要进行变更。

第 5 章

电子邮件与互联网服务——

电子邮件和互联网服务中使用的服务器

» 提供电子邮件和互联网服务的服务器

电子邮件和互联网服务中典型的服务器

电子邮件中的服务器主要包括负责发送电子邮件的SMTP服务器和DNS服务器以及负责接收电子邮件的POP3服务器。

互联网服务的场合会更加复杂一些，通常由DNS、Proxy、Web、SSL、FTP等服务器构成（图5-1）。

这些都是在邮件软件的设置和浏览器的显示以及安全确认时会遇到的服务器。

DNS 服务器、Proxy 服务器、SSL 服务器是在电子邮件和互联网服务中都会使用到的，其余的服务器基本属于独立的功能。

电子邮件和互联网相关的服务器可能会根据不同的功能划分到不同的机箱中，当然也有将多个功能集成到一台服务器的做法。

距离我们最近但是也是最远的服务器

从用户日常使用的频率来看，电子邮件和互联网相关的服务器是离我们最近的存在。如果是文件服务器和打印服务器，虽然有时会设置在办公楼或营业场所中可以看到的位置，但是支持电子邮件和互联网服务的服务器集群不会被设置在每个楼层（图5-2）。因为它对安全性有很高的要求，作出这样的安排是为了避免一些安全事故的发生。

从物理方面看，它们并非是距离我们最近的，因此它们是出乎意料的**离我们最近但是也是最远的服务器**。

由于支持电子邮件和互联网服务的服务器执行的都是专用的处理，因此我们也不会将其与文件服务器、打印服务器、业务系统的服务器设置在相同的机箱中。

从5-2节开始，将按照电子邮件、互联网服务的顺序进行讲解。

图 5-1 .... 电子邮件与互联网服务的服务器

电子邮件

互联网

SMTP服务器:
发送电子邮件

DNS服务器:
域名和IP地址
的管理

Web服务器:
提供网页服务

POP3服务器:
接收电子邮件

Proxy服务器:
代理互联网数据
的通信

IMAP服务器:
从外部查阅电子
邮件 (参考第5-8节)

SSL服务器
或软件:
加密通信数据

FTP服务器:
提供文件的共享
和传输服务

DNS、Proxy、SSL同时支持电子邮件和
互联网访问

Windows Server的场合中,电子邮件等通信功能
是由Exchange Server提供的

图 5-2 .... 最近也最远的服务器

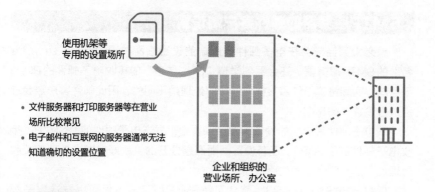

使用机架等
专用的设置场所

企业和组织的
营业场所、办公室

- 文件服务器和打印服务器等在营业
  场所比较常见
- 电子邮件和互联网的服务器通常无法
  知道确切的设置位置

知识点

∥电子邮件和互联网服务所使用的服务器包括SMTP、POP3、IMAP、
DNS、Proxy、Web、SSL、FTP等。

∥出于安全方面的考虑,我们不会在办公场所看到电子邮件和互联网服务的
服务器。

≫ 发送电子邮件的服务器

SMTP服务器的作用

SMTP服务器是专门用于发送电子邮件的服务器。SMTP是Simple Mail Transfer Protocol的缩写，作为发送电子邮件的协议使用。由于发送和接收电子邮件的协议是不同的，因此使用的服务器也是不同的。

如图5-3所示，发送电子邮件的过程是从使用**邮件客户端**将电子邮件发送给专门用于发送电子邮件的SMTP服务器开始的。

SMTP服务器会确认电子邮件地址中@后面的域名，然后向DNS服务器（参考第5-5节）查询该IP地址。确认具体的IP地址之后，再发送电子邮件数据。

在发送电子邮件时，使用邮件客户端中设置的用户名和密码进行身份验证后再执行的步骤被称为SMTP AUTH。

SMTP服务器的邮件客户端设置

想必大家经常会在电子邮件客户端的设置画面中看到带有"smtp. 域名"的SMTP服务器。还会看到类似"pop.域名"的接收电子邮件的POP3服务器。实际协议与依照该标准进行的处理是不同的，因此邮件客户端会分别进行设置（图5-4）。

从电子邮件客户端的设置画面可以看到，发送电子邮件的是SMTP，接收电子邮件的是POP3，还有设置画面都是分开的，就好像发送处理和接收处理使用的是完全不同的服务器功能。

但是，再仔细看图5-3，就会了解SMTP服务器不仅可以发送电子邮件，而且可以接收电子邮件，也许将其称为收发电子邮件的服务器也不为过。

在第5-3节中，我们将对接收电子邮件的POP3服务器的功能进行讲解。

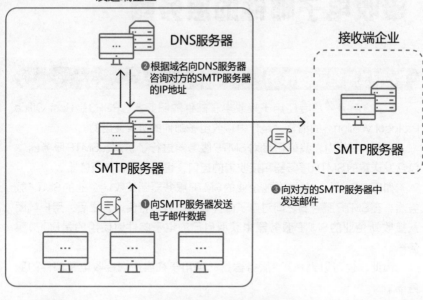

图 5-3　　　　　　　　　　发送电子邮件的过程

发送端企业

DNS服务器

❷根据域名向DNS服务器
咨询对方的SMTP服务器
的IP地址

接收端企业

SMTP服务器

❸向对方的SMTP服务器中
发送邮件

SMTP服务器

❶向SMTP服务器发送
电子邮件数据

图 5-4　　　　　　　　　　电子邮件软件中服务器的设置

发送电子邮件端
SMTP服务器的设置

SMTP服务器
端口
安全类型
是否强制用户登录
用户名
密码

接收电子邮件的
POP3服务器的设置

用户名
密码
POP3服务器
端口
安全类型
是否删除服务器端邮件

•电子邮件的发送和接收服务器是分别进行设置的
•此时需要意识到这些不同的服务器的存在
•上面是在智能手机中进行设置的示例

知识点

／电子邮件的发送是由SMTP 服务器负责的。

／我们会在电子邮件客户端的设置中意识到SMTP 服务器的存在。

第

5

章

电子邮件与互联网服务——电子邮件和互联网服务中使用的服务器

103

≫ 接收电子邮件的服务器

POP3服务器的作用

POP3服务器是专门用于接收电子邮件的服务器。POP3是Post Office Protocol Version 3的缩写，是作为接收电子邮件的协议使用的。

在第5-2节中，我们已经对SMTP服务器进行了讲解。SMTP服务器中包含发送端的SMTP服务器和接收端的窗口，也就是SMTP服务器。

如图5-5所示，从发送端企业的SMTP服务器到接收端企业的SMTP服务器，在SMTP服务器之间对电子邮件数据本身进行传递。之后，用户试图从接收端企业的SMTP服务器中获取自己的电子邮件时使用的是POP3服务器。

因此，也可以说POP3服务器是一种用于在客户端接收电子邮件的服务器。

SMTP服务器与POP3服务器有以下不同：当SMTP服务器接收到发送命令时会立即将数据发送给对方的SMTP服务器，而POP3服务器则会使用邮件客户端中设置的时间间隔确认是否存在邮件数据。

使用SSL进行加密

用户会访问电子邮件客户端中设置的POP3服务器，试图获取自己的电子邮箱中保存的邮件数据。此时需要认证用户名和密码。

在第5-2节中，我们确认了电子邮件客户端的设置步骤，实际上可以使用SSL（参考第5-6节）等选项来进行加密。这样一来，就可以保护POP3服务器与客户端之间的数据传输（图5-6）。

当个人设置接收电子邮件时，重要的是**何时获取电子邮件和何时将接收到的电子邮件从服务器中删除**。

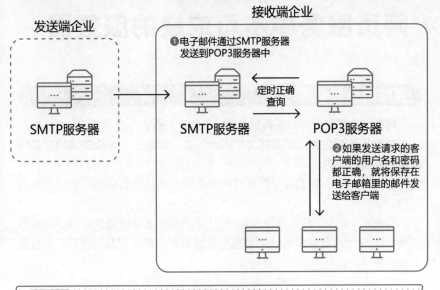

图 5-5 接收电子邮件的过程

发送端企业

接收端企业

SMTP服务器

❶电子邮件通过SMTP服务器发送到POP3服务器中

SMTP服务器 ← 定时正确查询 → POP3服务器

❷如果发送请求的客户端的用户名和密码都正确,就将保存在电子邮箱里的邮件发送给客户端

图 5-6 使用SSL进行加密

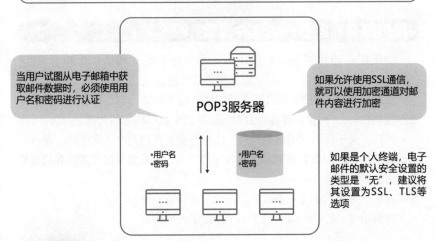

当用户试图从电子邮箱中获取邮件数据时,必须使用用户名和密码进行认证

POP3服务器

如果允许使用SSL通信,就可以使用加密通道对邮件内容进行加密

•用户名
•密码

•用户名
•密码

如果是个人终端,电子邮件的默认安全设置的类型是"无",建议将其设置为SSL、TLS等选项

知识点

🖉 POP3服务器接收用户的请求并向用户发送邮件。

🖉 用户的电子邮件接收设置中,重要的是何时获取电子邮件和何时将接收到的电子邮件从服务器中删除。

» 网页服务中不可或缺的服务器

通向网页服务器之路

网页服务器是专门用于提供网页服务的服务器。

我们每天都会通过浏览器浏览Web站点，实际上，**Web站点内容是由网页服务器提供的。**

但是，实际上我们并不是从客户端终端的浏览器直接连接到网页服务器的。

如图5-7所示，我们是通过客户端PC的浏览器发送请求，通过Prox服务器，使用DNS服务器将URL转换为IP地址后，经过调整再由互联网进入对方的网络，最后才到达网页服务器。

与电子邮件类似，网页服务器的特点是"登场人物"比较多。

网页服务器的客户端软件设置

网页服务器对其接收到的由浏览器发送的数据和请求是按照HTTP（Hyper-Text Transfer Protocol）协议进行处理的。

如图5-8所示，浏览器会指定目的地的URL和表示自己需要数据或发送数据的method，网页服务器则会根据这些请求执行相应的处理。

此外，关于网页服务器的原理，以用户或客户端为中心来考虑，是很容易理解的，但是如果要研究网页服务器的导入，则需要从**服务提供商的角度**来考虑。

当然，理解它的工作原理并实现它又是另外一回事了。

作为示例，我们可以从以下两个角度进行研究。

- 站在提供浏览Web站点服务的角度研究服务器的处理性能。
- 考虑使用可以帮助公司创建网页服务的服务商的服务器和服务。

图5-7	通往网页服务器的路径

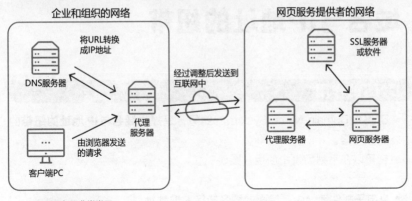

企业和组织的网络

将URL转换成IP地址

DNS服务器

由浏览器发送的请求

客户端PC

经过调整后发送到互联网中

网页服务提供者的网络

SSL服务器或软件

代理服务器 网页服务器

代理服务器

- DNS服务器非常常用
- 如果使用智能手机作为客户端，可以将图中的客户端PC看作智能手机，将企业和组织的网络看作电信运营商的网络

第 **5** 章 电子邮件与互联网服务——电子邮件和互联网服务中使用的服务器

图5-8	Web服务器的处理

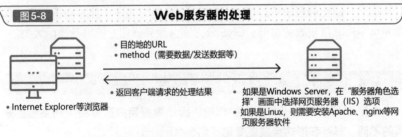

- 目的地的URL
- method（需要数据/发送数据等）

- 返回客户端请求的处理结果

- Internet Explorer等浏览器

- 如果是Windows Server，在"服务器角色选择"画面中选择网页服务器（IIS）选项
- 如果是Linux，则需要安装Apache、nginx等网页服务器软件

参考：出发点不同，Web站点的含义也不同

- 通常的Web站点的含义
  是指包含主页在内的Web页面的集合

可以浏览

Web站点

- IIS的Web站点的含义
  是指对使用微软的IIS创建的内容进行公开时的单位，开发者在使用这一术语时大多是指这个含义

公开服务器 开发用服务器

所创建网页内容的全体

知识点

- 网页服务器是具有代表性的互联网服务器，用于提供我们所熟悉的Web站点。
- 从浏览器的角度来考虑原理和步骤是比较容易理解的，但是在考虑导入时，则需要从服务提供商的角度来考虑。

》 域名与IP地址的纽带

DNS的作用

DNS是Domain Name System的缩写，是提供**域名与IP地址的纽带**的功能的服务器。

它可以在下列场景中使用（图5-9）。

- 将电子邮件地址中@后面的域名转换为IP地址。
- 将从浏览器输入的域名转换为IP地址。

虽然平时我们意识不到DNS的存在，但是它是一个经常用于电子邮件和网页中的非常重要的功能。DNS分为缓存服务器和主控服务器两大类。

系统规模不同，其作用也不同

由于DNS发挥着极其重要的作用，因此**根据用户数量和网络系统的规模的不同，其存在形式会发生变化**（图5-10）。

如果是小规模的企业和组织，就可以不用设置DNS服务器，只需将它的功能集成到电子邮件和网页服务器中即可。

如果是数千人以上的大企业，电子邮件和Web站点的访问量是巨大的，不仅需要设置DNS服务器，还需要将用于电子邮件的服务器与用于网页的服务器分开，并且分别对这两个服务器采取双机容错方案。

之所以这样做，是为了尽量减少当DNS停止运行时无法发送电子邮件和从外部浏览的Web站点，减少对业务造成的影响。

此外，也可以将DNS划分成类似域名的分层结构，将其分为缓存、路由、域名，同时根据域名进行分支处理。

虽然用户是意识不到DNS服务器的存在的，但是我们可以思考在自己所属的企业和组织中，它应当是一个什么样的存在。

图 5-9 　　　　　　　　　　　　　　DNS的作用

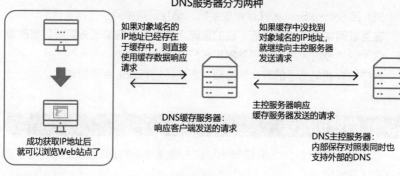

由客户端发送获取@XX.co.jp的
IP地址的请求

DNS服务器

@将XX.co.jp、www.XX.co.jp转换成
XX.co.jp的IP地址（123.123.11.22）

DNS服务器分为两种

如果对象域名的
IP地址已经存在
于缓存中，则直接
使用缓存数据响应
请求

成功获取IP地址后
就可以浏览Web站点了

DNS缓存服务器：
响应客户端发送的请求

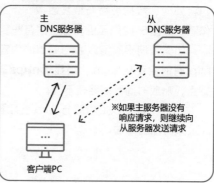

如果缓存中没找到
对象域名的IP地址，
就继续向主控服务器
发送请求

主控服务器响应
缓存服务器发送的请求

DNS主控服务器：
内部保存对照表同时也
支持外部的DNS

图 5-10 　　　　　　　　　　　　　　DNS服务器

电子邮件和网页服务器中包含DNS功能
（使用外部的DNS服务器）

网页服务器

DNS
功能

※设置成主机服务提供商
的DNS服务器地址

电子邮件服务器

DNS的双重化
（网页服务器中的例子）

主
DNS服务器

从
DNS服务器

客户端PC

※如果主服务器没有
响应请求，则继续向
从服务器发送请求

 知识点

∥ DNS具有将域名转换为IP地址的功能。

∥ 它是电子邮件和网页服务中必不可少的一种功能，根据用户数量和网络系
统规模的不同，其存在形式也会不同。

》浏览器与网页服务器之间的加密

加密通信

SSL 是 Secure Sockets Layer 的缩写，是互联网中用于加密通信的协议。**在互联网中进行加密通信，目的是防止怀有恶意的第三方窃听和篡改数据**。这里的"登场人物"是服务器和客户端（图5-11）。

客户端有我们熟悉的网页浏览器，服务器端有SSL专用的软件。

SSL的处理流程

详细的处理流程如图5-12所示，SSL通信是从对服务器和客户端两者进行确认开始的。

确认完成后，从服务器发送数字证书和加密所需的密钥，为需要通信的双方做好加密和解密准备，然后便可以进行数据的传输。

如果不具备SSL功能，就无法对数据进行加密处理，可能会导致数据内容外泄、数据被窃听或被篡改，但是有了SSL功能就可以放心地进行操作了。如图5-12所示的步骤虽然有些复杂，但是作为用户是不需要在意的。

如果我们平时留意Web站点的内容，会发现在输入个人信息或密码时，http:有时会变成https:，当**显示https时就表示SSL正在运行**。不同的Web站点，响应时间可能略有不同。

此外，有将SSL功能与Web服务器结合使用的情形，也有设置独立的SSL服务器的做法。

图 5-11 SSL的原理

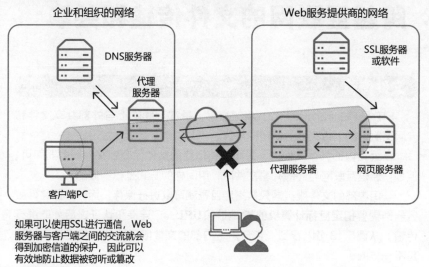

企业和组织的网络　　　　　　　　　　　Web服务提供商的网络

DNS服务器

代理服务器

客户端PC

SSL服务器或软件

代理服务器　　网页服务器

如果可以使用SSL进行通信，Web服务器与客户端之间的交流就会得到加密信道的保护，因此可以有效地防止数据被窃听或篡改

图 5-12 SSL通信的握手过程

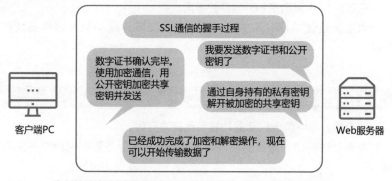

SSL通信的握手过程

数字证书确认完毕。使用加密通信，用公开密钥加密共享密钥并发送

我要发送数字证书和公开密钥了

通过自身持有的私有密钥解开被加密的共享密钥

已经成功完成了加密和解密操作，现在可以开始传输数据了

客户端PC

Web服务器

- 客户端和服务器之间在确认使用SSL进行通信后，经过一系列的加密步骤后才正式开始数据的传输
- SSL除了使用共享密钥之外还使用非对称加密方式进行加密

知识点

∥ SSL作为实现互联网安全通信的协议被广泛应用。

∥ 当浏览器URL的显示从"http:"转变为"https:"时，就表示SSL正在运行。

》 跨越互联网的文件传输和共享

文件传输

FTP是File Transfer Protocol的缩写，是在互联网上与外部共享文件和向网页服务器上传文件时使用的协议。

在公司内部共享文件时，只需要将指定的文件保存到文件服务器即可。但是，通过互联网与外部共享文件时，用同样的方式是行不通的。

公司内部的文件服务器只需指定目录就可以进行保存，而外部的文件服务器则需要**指定目标计算机的IP地址和URL**，在连接和认证之后才能进行传输。从图5-13可以看到，它与网络内部的文件服务器的连接方法和步骤是不一样的。

FTP协议的主要功能是，在外部的计算机中创建文件夹，将文件传输给外部的计算机进行共享。

在图5-14中展示了FTP软件的画面。

为了灵活使用FTP的功能，需要分别在客户端和服务器中安装FTP软件。

FTP服务器的实际使用情况

网页服务器中包含FTP的功能是比较常见的。

也有互联网相关服务的提供商单独设置FTP服务器提供给用户使用的情况。

此外，一般的企业和组织不允许员工通过FTP软件向外部的服务器传输文件。

图 5-13 **FTP与文件服务器的差异**

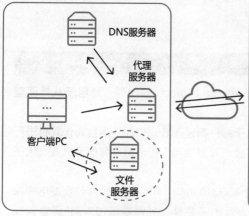

企业和组织的网络

Web服务提供商的网络

- 位于我们身边的文件服务器是通过指定文件夹进行文件共享的
- 位于远程的网页服务器是通过指定IP地址或URL认证后才能够访问

图 5-14 **FTP软件的画面**

FTP软件FFFTP的画面示例

- 在圆圈框出的部分填入IP地址或域名进行连接
- 需要事先由系统管理员对用户名和密码进行注册
- 经常用于传输Web站点中所使用的文件和图片等数据

FTP不支持认证和文件的加密处理，因此，越来越多的人开始使用FTPS（FTP over SSL）等安全性更高的协议

知识点

> FTP是通过互联网与外部共享文件，和向网页服务器上传文件等场景中所使用的协议。

> 外部的文件服务器需要指定IP地址和URL传输文件。

» 在外面查看电子邮件时需要使用的服务器

IMAP服务器的作用

IMAP是Internet Messaging Access Protocol的缩写，是**用于从外面查看电子邮件时使用的**服务器。

在现实使用场景中，以前电子邮件都是在公司内部使用台式计算机进行收发的，但这是一种可以满足在公司外部使用平板电脑或智能手机查看电子邮件的需求的服务。

例如，我们现在有SMTP和POP3的功能，可以在公司内部收发电子邮件，如果想在公司外部也可以查看电子邮件，就需要增加IMAP服务器或IMAP服务（图5-15）。

为了提高销售员的业务水平，以及作为整体员工的工作方式革命的措施，使员工从外部也可以查看电子邮件是常用的做法。

与POP3的区别

POP3服务器通过电子邮件客户端从设置了POP3的设备中下载电子邮件数据。当然，在POP3服务器中设置保留数据，数据就会保留下来。

而IMAP只是显示POP3服务器的电子邮件，因此如果只是使用IMAP协议查看邮件，邮件数据仍然会被保存在服务器一端（图5-16）。

由于只能阅读邮件，因此只要设置密码让终端无法被随意打开，就可以实现比较高的安全性。

可以将**为了允许从外部查看邮件而提供对用户进行认证的功能**的服务器理解为IMAP服务器。

图5-15

IMAP服务器的设置位置

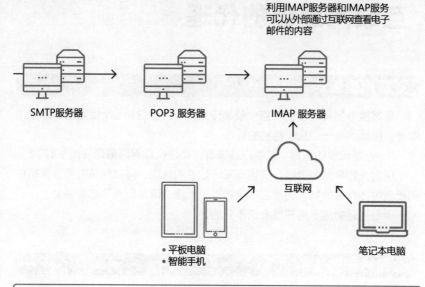

利用IMAP服务器和IMAP服务
可以从外部通过互联网查看电子
邮件的内容

SMTP服务器　　　　　POP3 服务器　　　　　IMAP 服务器

互联网

• 平板电脑
• 智能手机

笔记本电脑

图5-16

IMAP的功能

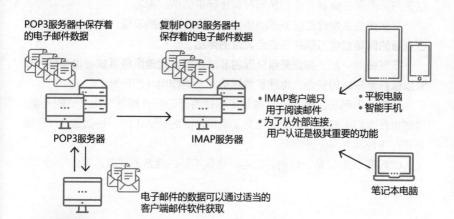

POP3服务器中保存着
的电子邮件数据

复制POP3服务器中
保存着的电子邮件数据

POP3服务器　　　　　IMAP服务器

• IMAP客户端只
用于阅读邮件
• 为了从外部连接,
用户认证是极其重要的功能

• 平板电脑
• 智能手机

笔记本电脑

电子邮件的数据可以通过适当的
客户端邮件软件获取

知识点

✎ IMAP是一种可以在外面查看电子邮件的功能,对用户而言具有极高的便
利性。

✎ IMAP在工作方式革命的过程中逐渐得到普及。

第5章 电子邮件与互联网服务——电子邮件和互联网服务中使用的服务器

115

» 互联网通信的代理

互联网通信的代理

虽然服务器和功能的名称一般都使用缩写，但是 Proxy 使用的却是单词本身，因此这是一个比较特别的存在。

Proxy 是代理的意思。从客户端来看，就是**代理网络通信**（图5-17）。

例如，如果是多个客户端访问同一站点的情况，可以使第二台计算机访问代理中缓存的数据，因此它不仅充当了代理，而且提高了访问速度。

但是上述功能，用户是意识不到的。

公司内部的墙

根据企业和组织的安全政策与互联网运用的指导方针，大家有没有遇到过有些站点无法查看，或者显示有禁止标识的情况呢？

其实这些也是代理服务器的功能。根据管理员的设置，**会限制访问不适合查看的网站或者可能存在安全风险的网站。**

不仅如此，**对于那些来自外部的非法访问，代理服务器或墙也会进行限制以保护客户端的安全，也就是发挥防火墙的作用**（图5-18）。

虽然对内部员工而言，它展示了不让内部访问外部网站的严格的一面，同时也在我们不知情的情况下阻断了来自外部的非法访问，也就是说代理服务器在内外两面都十分活跃。

DNS 和 SSL 也是一样的，在用户意识不到的地方发挥着重要的作用。

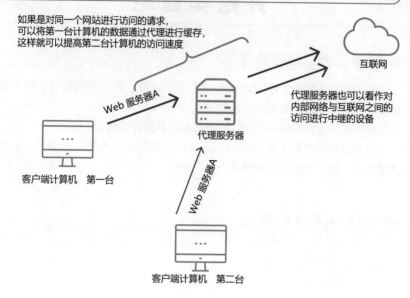

图 5-17 代理服务器的作用

如果是对同一个网站进行访问的请求,
可以将第一台计算机的数据通过代理进行缓存,
这样就可以提高第二台计算机的访问速度

互联网

Web 服务器A

代理服务器

代理服务器也可以看作对
内部网络与互联网之间的
访问进行中继的设备

客户端计算机　第一台

Web 服务器A

客户端计算机　第二台

图 5-18 Proxy的作用

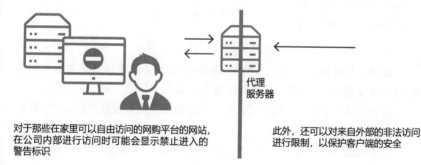

代理
服务器

对于那些在家里可以自由访问的网购平台的网站,
在公司内部进行访问时可能会显示禁止进入的
警告标识

此外,还可以对来自外部的非法访问
进行限制,以保护客户端的安全

知识点

✐代理服务器用于代理客户端的互联网通信。

✐对内部限制访问可疑的网站,对外部限制来自外部的非法访问以保护客户
　端的安全。

第 5 章　电子邮件与互联网服务——电子邮件和互联网服务中使用的服务器

与DNS服务器进行通信

我们在第5-5节中对DNS服务器进行了讲解。其作用是对域名和IP地址进行绑定，将域名转换为IP地址。

接下来，让Windows的PC与DNS服务器进行通信。

在命令行提示符后输入nslookup，直接向DNS服务器发送请求。如果通信顺利，就会显示返回的结果。

nslookup命令示例

>nslookup 想要咨询的主机名
服务器：DNS服务器的名称
Address：DNS服务器的IP地址

名称：想要咨询的主机名
Address：IP地址的结果

假设在想要咨询的主机名中输入yahoo.co.jp。如果是使用主机供应商的网页服务的企业和组织，可能不会显示IP地址。

由于这是一个连接测试，因此查询本身设置了网页服务器的有名的网站和企业会比较好。

从家里进行连接与从企业和组织的网络中进行连接时的DNS 服务器的名称可能是不同的。

（续见第136页）

第 6 章

服务器中的处理与高速化处理——

数字化技术的服务器

≫ 从公司的角度考虑

从公司的角度考虑更明确

企业和组织可以通过系统与服务器提高业务的执行效率及生产效率。

我们已经在第4-1节中讲解过，从C/S架构来看，是需要站在客户端和用户的角度考虑的。

服务器的动态处理和高速化的处理需要从**公司的角度**来考虑。

就像公司的管理人员需要管理下属一样，服务器需要站在管理其客户端、从属计算机以及设备的角度来考虑。

与管理人员在工作时给下属下达各种指示和分配各种任务类似，从服务器下达命令和指示的就是**服务器中执行的处理**。运用监视、物联网、RPA、BPMS的服务器就属于这类（图6-1）。

高速化处理

如果是组织和团队中的活动，会存在类似管理人员向下属下达命令或指示的情况，当然也存在团队中只有表现突出的下属才能做到的情况。

利用服务器的高速性能执行的处理，是PC和服务器从属设备无法实现的操作（图6-2）。

在比赛中经常有让水平高的队员进行对战的比赛策略，因为有些游戏只有高水平的玩家才能玩得转。同样地，有些处理也只有通过服务器才能实现。

近年来大放异彩的人工智能和大数据就是这样的。

在第6-2节中，我们将从服务器中的处理开始讲解。

| 图6-1 | 公司的角度与服务器中的处理 |

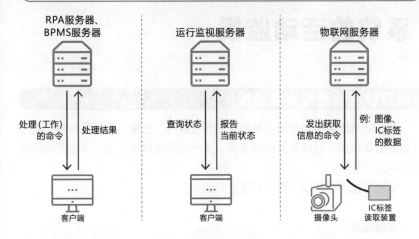

RPA服务器、
BPMS服务器

运行监视服务器

物联网服务器

处理（工作）的命令　处理结果

查询状态　报告当前状态

发出获取信息的命令　例：图像、IC标签的数据

客户端

客户端

摄像头　IC标签读取装置

| 图6-2 | 高速化处理 |

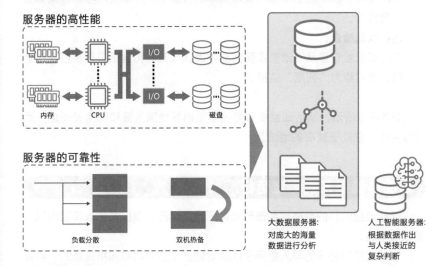

服务器的高性能

内存　CPU　I/O　磁盘

服务器的可靠性

负载分散　双机热备

大数据服务器：对庞大的海量数据进行分析

人工智能服务器：根据数据作出与人类接近的复杂判断

知识点

✎ 服务器中的处理从公司的角度去分析会比较明确。

✎ 正如有些运动只能由水平高的运动员完成一样，系统中也存在如果没有高速化的服务器就无法完成处理的情况。

» 系统的活动监视

运行状况检查与资源监视

系统的**活动监视**用于监视系统是否正常运行。这是一种当服务器和网络设备的数量增加时必须配备的服务器。这一处理通常是在进行活动监视的服务器中进行的。

活动监视主要从以下两个方面进行监视。

- **资源监视**。

  资源监视是对目标设备的CPU、内存等使用频率的监视，以及对网络流量的监视。监视的结果是对使用频率进行显示，如果使用频率过高则显示警告等。

- **运行状况检查**。

  运行状况检查是从活动监视服务器中确认服务器和网络设备是否正在运行，也可称为"死活"监视。

如图6-3所示，从活动监视服务器是监视其他服务器和网络设备这一点可以看出，它处于较高的地位。

目的是确保系统稳定运行

活动监视的目的是确保系统和服务器**稳定运行**，确保发生故障时可以立即采取措施。

活动监视服务器的导入是用于同时管理多个服务器和网络设备的，实际的活动监视服务器监视的画面是专用软件的画面。此外，服务器数量较少的场合以及小规模的系统一般是使用标准的工具进行监视的。

图6-4中展示的是Windows Server任务管理器中"性能"的画面。

图6-3 活动监视服务器的定位

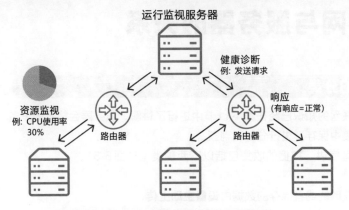

运行监视服务器

健康诊断
例：发送请求

响应
(有响应=正常)

资源监视
例：CPU使用率
30%

路由器

路由器

- 活动监视服务器负责对其他服务器和网络设备进行监视
- 专用的软件中较为有名的是日立公司的JP1

图6-4 Windows Server任务管理器的"性能"画面的示例

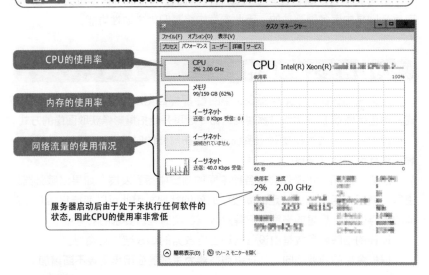

CPU的使用率

内存的使用率

网络流量的使用情况

服务器启动后由于处于未执行任何软件的状态，因此CPU的使用率非常低

知识点

✐ 活动监视服务器的作用是资源监视和运行状况检查。

✐ 活动监视的目的是确保系统和服务器的稳定运行。

» 物联网与服务器的关系

物联网的分类

有关物联网的知识已经在第4-11节中进行了讲解。服务器会将不同设备上传的数据集中保存，进行分析和判断。

从技术角度讲，数据的收集包括以下两种类型（图6-5）。

- 设备所获取的或者保存的数据由**设备主动上传**。
- 如果将设备比喻成孩子，那么**作为父母的设备就会发送命令吸收子设备的数据**。

前者会从客户端自觉地上传数据，因此在本书中将其定位为C/S架构。而后者则是由服务器驱动的，因此本章中将其归为主动性功能。

服务器需要收集数据的原因

如果是摄像头，包括像图6-5 中的❶那样自觉地拍摄影像上传图像的方式，也包括像❷那样由服务器端发送命令后再开始拍摄影像获取图像的方式。

以服务器为主导的物联网系统，是从在需要的时候获取需要的数据这一想法设计而成的（图6-6）。

想必今后无人化操作会在各种不同的领域中得到发展，如果以服务器为主导，就可以用于确认特定时间段或时间的状况。因此可以期待它活跃于店铺的库存确认、店里的来客情况等对数据的实时性有要求的业务中。

现在的物联网多数是由设备自动上传数据的C/S 架构的类型。

根据今后的商业动向，估计**以服务器为主导的应用场景会不断增加**。

图6-5　物联网数据收集的两种类型

❶ 设备自觉地上传数据的类型

例: 摄像头 (拍摄影像后立即上传到服务器)、
灯塔、有源标签

数据

获取数据后, 每隔5分钟由设备和参与
其中的计算机定期地、自动上传数据

❷ 设备接收到读取数据的命令后再上传
数据的类型

例: IC标签、摄像头 (由服务器发送命令
控制图像的传送)

服务器发出命令后
设备开始上传数据

数据

图6-6　重视实时性的物联网系统

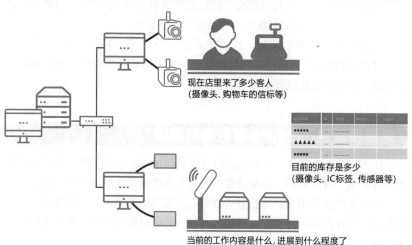

现在店里来了多少客人
(摄像头、购物车的信标等)

目前的库存是多少
(摄像头、IC标签、传感器等)

当前的工作内容是什么, 进展到什么程度了
(摄像头、IC标签、传感器等)

知识点

∥物联网包括设备自觉上传数据的类型、作为父级的设备或服务器自己主动
获取数据的类型。

∥由于今后重视掌握情况的实时性的需求会增多, 因此以服务器为主导的应
用也可能会增加。

» RPA与服务器的关系

RPA的两种实现方式

RPA是 Robotic Process Automation 的缩写，是一种将自身以外的软件作为对象，**自动执行事先定义的处理的工具**。

例如，它可以将数据从应用程序A复制并整理到应用程序B、单击命令按钮等需要人工操作的处理。如果将人工操作的软件变成自动处理，就可以极大地缩短时间。

虽然RPA的知名度没有人工智能和物联网高，但是作为将业务变成自动化处理的数字化技术之一，经常出现在新闻和杂志上。

由于RPA是工作流程自动化，因此它不仅可以使PC的操作自动化，还可以将很多自动化后的PC的操作整合起来进行管理。

正因为有了这样的功能，原本需要20个人花费2000个小时完成的工作，通过将PC操作的自动化与整合管理结合，可能只需要一半的时间就能够完成，实现高效化处理。

需要设置自己的RPA服务器的原因

RPA作为一种软件，由自动执行操作的可执行机器人文件、机器人文件的执行环境、开发环境，以及管理机器人文件的管理工具四部分构成。

现在主流的运用方法是在服务器中配备管理工具和用于桌面使用的虚拟化机器人文件及执行环境，然后每台台式计算机获取机器人文件和执行环境执行处理（图6-7）。

RPA服务器依照管理人员和开发人员的定义，管理每个机器人操作的顺序、处理的日程、运行状况和完成处理的情况，从而实现工作流程自动化。它还具有用户管理和安全支持的功能（图6-8）。

RPA具有类似**企业和组织系统整体缩影**的功能。通过RPA的导入，可以学习业务系统整体的基础知识。

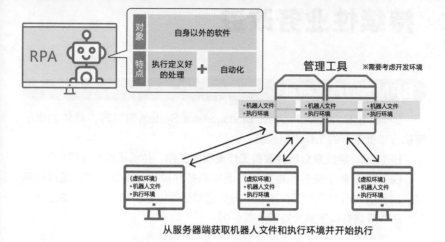

图6-7 RPA的软件构成与服务器和台式计算机的关系的示例

从服务器端获取机器人文件和执行环境并开始执行

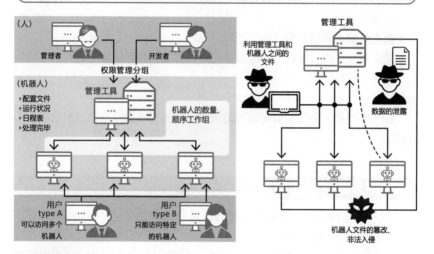

图6-8 RPA是企业和组织系统整体的缩影

知识点

✎ RPA作为实现业务自动化的工具备受关注。

✎ 使用以服务器为主导的系统对各个机器人的执行、运用、安全、管理等操作，相当于企业和组织系统的一个缩影。

》 持续性业务改进

BPMS的两大特征

BPMS是Business Process Management System的缩写，具体的例子有执行审批工作的工作流程系统。

BPM是一种反复**分析并改善工作流程的工序**，持续不断地改进业务。

BPMS 配备了业务流程和工作流程的各种模板，因此也可以通过使用模板的业务流程以及对工作流程进行登记和修改以分析与改善业务的工序。

BPMS具有以下两大特征（图6-9）

- **工作流程的削减、数据流变更简单**。

  例如，删除某个工作流程、变更数据流的处理可以通过删除或移动模板上的图标实现。

- **自主分析的解决方案**。

  记录每个工作流程的工作处理量和处理时间，并显示变更后的工作流程更好的分析结果。

BPMS的服务器在业务管理员的指导下，发挥着类似业务"司令塔"的作用。

BMPS备受关注的原因

随着企业和组织的业务自动化与无人化操作的增加，BPMS和RPA一样，也受到了人们的关注。

BPMS不仅可以管理从属客户端操作人员的PC上的工作，还**可以管理RPA等设备**的产品（图6-10）。它可以管理人工操作的工作和RPA等机器人以及一些其他软件。

图6-9 | **BPMS的两大特征**

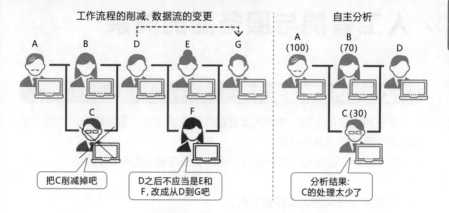

工作流程的削减、数据流的变更

A B D E G

C

F

自主分析

A (100) B (70) D

C (30)

把C削减掉吧

D之后不应当是E和F，改成从D到G吧

分析结果：C的处理太少了

图6-10 | **基于BPMS的业务自动化的示例**

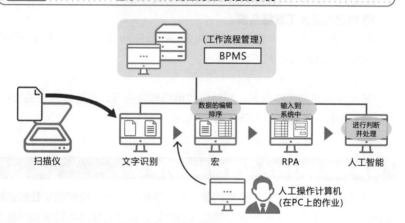

（工作流程管理）

BPMS

扫描仪 → 文字识别

数据的编辑排序

宏

输入到系统中

RPA

进行判断并处理

人工智能

人工操作计算机（在PC上的作业）

- BPMS对OCR、Excel的宏、RPA、人工智能进行管理的示例
- 发挥着业务流程的自动化、无人化的业务"司令塔"的作用
- 对于OCR和宏之间存在的需要人工操作的工作也能够进行管理

知识点

🖋 使用BPMS可以在分析和改善业务流程的过程中进行管理。

🖋 BPMS不仅可以管理人在PC上的工作，还可以管理RPA以及其他软件的工作，为实现业务自动化作出贡献。

≫ 人工智能与服务器的关系

人工智能的两种实现方式

企业和组织在不断地导入**人工智能**应用。按照这个发展趋势，相信人工智能的应用范围还会继续扩大。

现在的人工智能系统具体有以下两种实现方式（图6-11）。

● **使用云提供的人工智能系统**。
使用云服务提供商或IT 销售商提供的人工智能系统定义逻辑，并登记必要的数据从而获得计算结果（图6-12）。

● **自己构建人工智能系统**。
使用Python 或C++ 等程序语言以及TensorFlow 等支持人工智能编程的开发工具自己构建人工智能系统。

无论是上面的哪种方式，都是以使用服务器进行计算处理为主的系统。如果想立即投入使用，推荐选择第一种。

需要构建自己的人工智能系统的原因

通常自己构建人工智能系统的公司都是不愿意数据外流和期望**独自执行处理**的公司。如果使用云服务，其最大的优势是云服务提供商可以提供包括硬件和软件在内的最新环境的服务。

人工智能不是使用PC 而是使用服务器的原因主要包括以下两个。

● 与人类相比，在学习同一项知识时，现在的人工智能需要更多的学习数据，因此服务器需要具备处理大规模数据的能力。
● 由于它可以代理人类进行各种判断和分析等重要的工作，因此需要较高的可靠性和性能。

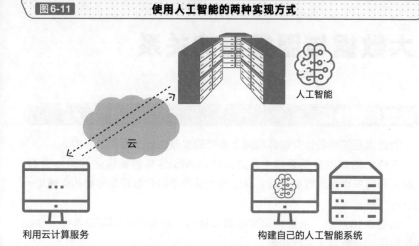

图 6-11　使用人工智能的两种实现方式

人工智能

云

利用云计算服务　　　　　　　　构建自己的人工智能系统

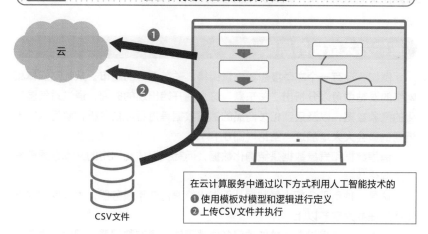

图 6-12　在云中利用人工智能的示意图

云

❶

❷

CSV文件

在云计算服务中通过以下方式利用人工智能技术的
❶ 使用模板对模型和逻辑进行定义
❷ 上传CSV文件并执行

知识点

⚐ 构建人工智能系统主要分为运用云计算服务和自己构建两种。

⚐ 如果希望立即投入使用，以及希望使用最新技术，云计算服务是比较合适的选择。

⚐ 如果期望自己进行处理，那么自己构建人工智能系统是比较合适的。

» 大数据与服务器的关系

大数据的特征

大数据系统随着社交媒体和网上购物的发展也处于高速发展中。

在传统的数据分析系统中，是以像DBMS 这样的结构化数据为主的，而在人们将其称为大数据之后，开始将大量的结构化数据与非结构化数据一起进行分析。

如图6-13所示，从结构化数据和非结构化数据的示例可以看出，非结构化数据的分析看上去比较难。

在实际的分析中，以图6-13为例，需要在文章中检索"关东煮"，从它与其他词的相关关系为其赋予相应的意义。

被称为大数据的原因

例如，现有一个本季度想要大量销售"关东煮"的超市。从社交媒体和网络的发帖中可以分析出"关东煮"这个词开始出现的时间，通过对气温变化的气象数据，以及店铺相关商品的销售数据等进行综合分析，就可以得出近期销量会大大增加这一结论（图6-14）。

销售数据和气象数据是结构化数据，而社交媒体和网络的文本数据则是非结构化数据。

这是一种用于分析大量数据从而得出结论的专用服务器。大数据的数据量通常在数太字节以上。

因为这是**如果没有高性能的服务器就无法处理的数据量**，因此如果在业务中使用，就需要较高的处理速度。

现在是一个具有影响力的博主就有几十万"粉丝"的时代，是无论如何也做不到通过人工方式使用Excel 和其他工具来进行分析的。

在第6-8节中，我们将对支持大数据的技术进行讲解。

图6-13 结构化数据与非结构化数据

结构化数据

非结构化数据

ID	Name	Phone
0001	Suzuki	090-111X...
0002	Tanaka	080-222X...

在文章中检索"关东煮"

Non 21:0

天太冷了，所以我跟吉君他们一起去便利店买了关东煮吃。

明天估计也会很冷，大家一定要注意保暖哦。

数据库和Excel文件等是结构化数据的代表

社交媒体和网络上的文章等是非结构化数据的代表

图6-14 大数据分析的示例

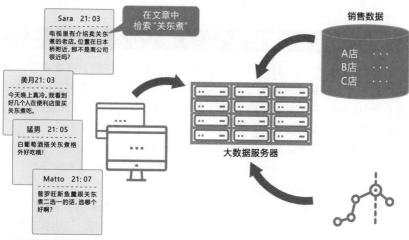

Sara 21:03
电视里有介绍卖关东煮的老店。位置在日本桥附近，那不是离公司很近吗？

在文章中检索"关东煮"

销售数据

A店 · · ·
B店 · · ·
C店 · · ·

美月21:03
今天晚上真冷。我看到好几个人在便利店里买关东煮吃。

猛男 21:05
白葡萄酒搭关东煮格外好吃哦！

Matto 21:07
普罗旺斯鱼羹跟关东煮二选一的话，选哪个好啊？

大数据服务器

大量的社交媒体和网络的发帖

气象数据

知识点

✎ 现在需要对大数据（大量的结构化数据和非结构化数据）进行分析。

✎ 只有具有高性能的服务器才能实现较高速度的计算处理。

» 支持大数据的软件技术

Hadoop的特点

大数据的服务器已经逐渐成为需要处理大量数据的企业和组织中不可或缺的服务器。

在这里，我们将对支持大数据实用化的机制Hadoop进行讲解。

Hadoop是开源的中间件，是一种可以**高速处理海量且庞大数据的技术**，是基于Google等发表的论文而发展至今的技术。

它的特点是可以对包含结构化数据和非结构化数据在内的各种类型的数据进行处理，可以在PC服务器（x86服务器、IA服务器）中实现。

因此，可以使用大量价格低廉的服务器并行地处理庞大的数据。

将大量的服务器集中在数据中心管理是目前的主流做法（图6-15）。

Hadoop的工作原理

如图6-16所示，我们将以"橘子农户"为例进行讲解。在此之前都是由妈妈一个人将采摘的橘子分类成S、M、L和残次品。现在将这一分类操作交给Hadoop三姐妹来处理，就是将橘子分成三份，由三个人进行分类，这就相当于多个服务器同时并行分散进行处理，当然速度会更快。

Hadoop的优势是可以在检索残次品时发挥作用。除了可以检索橘子的尺寸（过大、过小）之外，对有无伤痕、外表颜色是否均衡等各种不同且不是很清晰的非结构化数据的检索也十分擅长。

这一特点不仅可以在网页和社交媒体的长文章中检索关键字进行计算处理，还可以将结构化数据和非结构化数据组合进行计算处理，能够实现**先进的处理**。

图6-15 Hadoop的概要

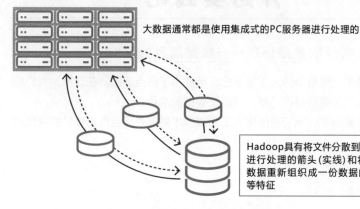

大数据通常都是使用集成式的PC服务器进行处理的

Hadoop具有将文件分散到不同的服务器进行处理的箭头(实线)和将处理完毕的数据重新组织成一份数据的箭头(虚线)等特征

图6-16 Hadoop工作原理的示意图

将原本由一个人进行的S、M、L、残次品的分类操作同时交由三人并行处理,速度会快得多

进行分类: HDFS

由对橘子进行挑选的HDFS(Hadoop Distributed File System)和执行分类与统计操作的MapReduce组成

长女　　次女　　三女

分类命令:
Map

将橘子分类成S、M、L、残次品

排序和统计: Map Reduce

- Hadoop的继任者中包括Apache Spark等软件
- Hadoop中数据的输入/输出是在磁盘中进行的,而Apache Spark不仅支持在磁盘中执行,还支持在内存中保存,因此可以实现更加高速的输入/输出处理

知识点

- Hadoop是可以高速处理庞大数据的技术,不仅可以处理结构化数据,也可以处理非结构化数据。
- Hadoop支持将在网页和社交媒体的文章中进行的关键字检索与计算处理相结合等操作,适用于各种不同的处理需求。

开 始 实 践 吧

面向人工智能的数据整理——数据项目的提取

在各种不同场景中的人工智能的应用成为了热点话题。在这里,我们将跨越实现人工智能的最初门槛,也就是数据的准备。

作为个案研究,我们将使用人工智能技术对是否应当作出降价的决定进行判断。

批发超市的案例

在各种不同的批发超市中销售的商品都有建议零售价和折扣价格。例如,假设将1000000万日元的商品以75000日元的价格出售。那么继续加上折扣是否能够促成交易呢?即使由日常销售的店员来进行这一判断也是较为困难的。

下面我们将尝试实现人工智能化,使任何人都可以作出这一困难的判断。

导入人工智能后,当店员将客户的状态通过手机终端输入后,系统就会出现"再继续进行价格交涉比较好"或者"不进行价格交涉比较好"等指示画面。

将客户的状态变成数据项目

接下来我们将是否进行价格交涉相关客户的状态进行整理。

例如,"客户持有本店的会员卡"(持有就是1,不持有就是0,将1和0进行数据化处理)等。

请尝试在下面的表格中填写项目。当然,使用自己以前研究过的其他示例也是可以的。

-
-
-

(续见第162页)

136

第 7 章

信息安全与故障处理——

应对威胁的安全对策在设备与数据中的不同

》系统中需要保护的是什么

信息资产

在考虑系统安全时，重要的是明确想要**保护的是什么**。系统中需要保护的就是**信息资产**。

信息资产包括构成系统的服务器和网络设备、类似PC的**硬件资产**、各种软件和应用程序的**软件资产**、系统中的**数据**、系统所涉及的**人力资源**、系统提供的**服务本身，**以及与之相关的企业声誉等各种不同的资产（图7-1）。

虽然针对每种资产都有相应的安全防范措施，但是无论是哪种运用形态的系统，**系统中的数据**永远都是最重要的信息资产。

数据的分类

数据在企业和组织中主要分为以下两类（图7-2）。

- **公开信息**：已经公开的信息或者可以公开的信息。
- **保密信息**：不能公开的信息，明确定义为机密的信息。

保密信息中，还可以分为对特定的参与者以外的人员保密和对不能带出公司的公司外部保密的信息。

此外，个人信息也属于保密信息的一部分，一旦泄漏将会给企业和组织的商业活动带来沉重的打击，因此很多公司都是将个人信息单独进行管理的。

数据的分类在系统故障的影响分析中所占的权重非常大。系统和服务器中处理的数据的不同，安全防范措施和防范级别也会有所不同。

因此，**如何管理数据**就变成了重中之重。

如果是只用于处理公开信息的系统，只需要保护硬件和软件的资产即可。

图 7-1 ········· **信息资产与安全威胁的示例** ·············

信息资产与安全威胁

硬件资产	软件资产	数据	人才资产	服务
技术的威胁		技术的威胁和人的威胁	人的威胁	技术的威胁和人的威胁

图 7-2 ··········· **数据的分类** ·················

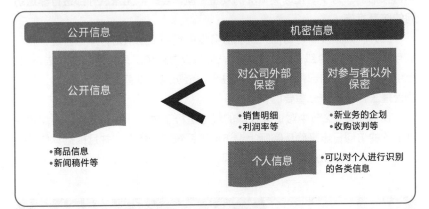

公开信息

公开信息

- 商品信息
- 新闻稿件等

机密信息

对公司外部保密
- 销售明细
- 利润率等

对参与者以外保密
- 新业务的企划
- 收购谈判等

个人信息
- 可以对个人进行识别的各类信息

- 在处理各类保密信息的时候,必须要采取相应的安全防范措施
- 作为更高级别的安全方针,有的企业和组织甚至采取不允许客户端计算机连接到互联网、处理客户信息的计算机完全不接入网络的运用方式

知识点

- 在考虑系统的安全性时,应当对需要保护的信息资产进行明确的定义。
- 信息资产由硬件、软件、数据、人力资源、服务等部分构成。
- 数据是十分重要的,处理的数据不同,安全防范措施和级别也会不同。

» 应对威胁的安全对策

非法访问的防范对策

在第7-1节中，我们对数据的重要性进行了讲解。系统和服务器中包含重要的数据，因此可能会存在针对重要数据的来自外部和内部的**非法访问**（图7-3）。

如果系统和服务器受到来自外部的非法访问，就可能面临**数据**泄漏的风险。如果其中包含了需要保密的信息，那么数据泄漏给企业带来的损失将是不可预估的。为了防止这类情况的发生，就需要采取**无法从外部进行非法访问的防范措施**。

此外，如果没有对访问系统和服务器的用户及团队进行严格管理，就可能存在数据被从内部带出去的风险。虽然极力避免了来自外部的非法访问，但是如果可以从内部带出数据，再进行安全防范就没有意义了。因此，用户的管理工作也是十分重要的。

我们在第4-2节中对访问权限的设置进行了讲解，除此之外，还需要通过系统的访问日志来确认实际上谁访问了系统和服务器，并且根据具体情况对客户端终端的用户的操作进行监视。

数据泄漏的防范对策

为了防止泄漏，可以将数据本身加密，使其中的内容不可见，还可以使用第5-6节中讲解的SSL等技术对服务器和客户端之间的通信进行加密。

如图7-4所示，我们列举了针对之前整理的安全威胁的对策，按照系统、服务器、用户管理、数据的顺序进行了展示。

在我们开始讲解针对来自外部的非法访问对策的防火墙，以及将在第7-5节中讲解的DMZ之前，需要先掌握信息安全策略的相关知识。

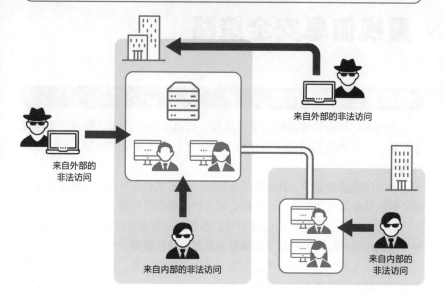

图7-3 来自外部和内部的非法访问

来自外部的非法访问

来自外部的非法访问

来自内部的非法访问

来自内部的非法访问

图7-4 安全威胁与防范对策的示例

对　象	技术的/人的	安全威胁	对策示例
系统和服务器	技术的威胁	来自外部的非法访问	●防火墙 ●DMZ ●设备之间通信加密
用户	人的威胁	来自内部的非法访问	●用户管理 ●确认访问日志 ●监视设备操作
数据	技术的威胁	数据泄漏	便携式介质中的数据加密

※ 除了上述潜在的安全威胁之外，还有病毒软件对系统造成的威胁

知识点

✎ 主要的安全威胁包括来自外部和内部的非法访问，以及数据泄漏。

✎ 针对系统、服务器、用户和数据，需要分别采取不同的安全对策。

» 重视信息安全策略

信息安全策略的作用

虽然人们经常会将其称为安全策略，但是实际上正式的称谓是**信息安全策略**。它具体是指企业和团体组织内部针对信息安全的对策、方针以及行为准则。

不同的企业和组织，其经营的业务和运营方式也有所不同，因此需要根据企业的信息系统资产的特点来制订相应的信息安全策略。

近年来，企业和组织不仅开始制订书面形式的方针和具体的行为规范，也在向构成企业和组织的员工**分享安全策略经验及教训**。

之所以大家在日常工作中会有意识地注意信息安全，是因为很多大型企业发生了信息泄漏的事故和丑闻（图7-5）。

信息安全策略的内容

信息安全策略主要由基本方针、对策基准、实施步骤三个层级的金字塔构成（图7-6）。

- 基本方针。
  制订针对信息安全的基本方针和规范。
- 对策基准。
  以实践基本方针为目标，制订具体的防范措施。
- 实施步骤。
  根据企业和团体中组织结构、人力资源、系统用途的不同制定具体的操作与执行步骤。

在安全策略中，各种服务器被定位为各组织管理的系统以及与系统相关的信息资产，不需要针对每一台服务器单独制订相关规定。

图 7-5 | 安全策略变得重要的背景

个人信息的泄漏等

信息安全策略

安全教育

由于大型企业接连发生个人信息泄露事件，因此更加凸显了安全策略的重要性

仅仅形成书面的规范是远远不够的，通过预防事故和丑闻发生的文件对员工进行教育和分享经验与教训也是重点

图 7-6 | 信息安全策略的内容

基本方针 ← 制订针对信息安全的基本方针

对策基准 ← 以实践基本方针为目标
制订具体的防范措施

实施步骤 ← 根据企业和团体中组织结构、人力资源、系统用途的不同制订具体的操作和执行步骤

知识点

*安全策略不仅需要制订书面形式的文件，还需要通过在日常工作中对员工进行教育和分享经验教训的方式进行贯彻。

*信息安全策略由基本方针、对策基准、实施步骤三个层级组成。

» 外部与内部之间的墙

安全性的代表防火墙

说到互联网的安全，相信大家脑海里首先浮现出来的肯定是"**防火墙**"这个词。

防火墙是**管理企业和组织内部的网络与互联网边界的通信状态并保护系统安全的机制**的统称（图7-7）。

此前讲解的一部分服务器和设备服务器发挥的就是这一功能。如果是小规模的网络，也可以通过路由器实现这一功能。

根据第7-3节中的信息安全策略，防火墙或路由器用于管理内部网络向外部网络以及外部网络向内部网络的访问许可。

内部访问与外部访问的不同

首先，我们将站在用户的立场，对由内向外的访问进行整理。

从内部的网络发出的向外部的互联网的访问基本上是采取"性善说"的立场进行对应。正如第5章中所讲解的代理服务器那样，必要的访问限制都是在代理服务器上进行处理的。我们在图5-18中也讲解过，对于那些不希望员工访问的URL和不希望带出公司的文件是限制访问的（图7-8）。

其次，**从外向内的访问则采取"性恶说"的立场进行对应。**相比以前，人们更加注重信息安全，因此企业和组织的管理也变得更加严格。

针对来自内部的对网页服务器的访问，通常只允许使用HTTP和HTTPS，不允许使用其他方式访问。

此外，向SMTP服务器发送的电子邮件和附件文件也需要进行确认之后才允许发送。

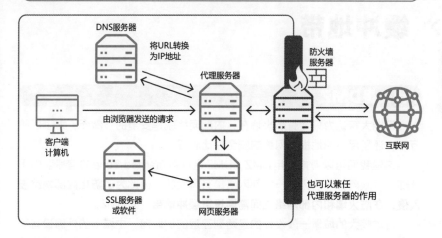

图 7-7　防火墙的定位

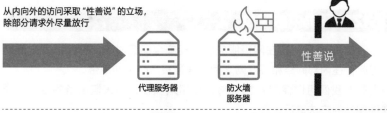

图 7-8　从内向外与从外向内的区别

从内向外的访问采取"性善说"的立场，除部分请求外尽量放行

性善说

从外部向内部的访问采取"性恶说"的立场，除一部分请求外全部拒绝访问，当然困难也很大

性恶说

性恶说

性恶说

知识点

📎 将防火墙作为一道隔离墙，对内部网络与外部的通信进行管理。

📎 从内向外的访问采取"性善说"的立场，尽量放行；从外向内的访问则采取"性恶说"的立场，进行严格控制。

» 缓冲地带

什么是DMZ

可能大家认为只要有防火墙在，内部网络就是安全的。然而，为了以防万一，还是尽可能地提高网络的安全性比较好。

这里我们可以考虑使用 **DMZ**。DMZ是 DeMilitarized Zone 的缩写。由于外部（互联网）→防火墙→内部网络是有风险的，因此**为了防止内部网络被入侵，在防火墙和内部网络之间需要设置缓冲地带**，即 DMZ。

日本较大的城堡一般设计的是两到三层的护城河，主城堡的外围设有第二道城墙，第二道城墙的外围还设有第三道城墙，而 DMZ 则具有类似的结构（图 7-9）。

DMZ在系统中的定位

设置 DMZ 的目的是在网页服务器出现安全问题时确保不会危及内部网络。因此，在内部网络和互联网之间需要设置多个缓冲地带。

为此，我们可以像图 7-10 那样，使用增加物理防火墙设备的方法和通过软件控制的方法进行管理。

前一种方法相当于城堡周围的护城河和城墙。后一种方法可以改造物理网络的结构，因此从外部很难琢磨清楚内部网络的结构。

以前有很多企业和组织完全照搬服务器与安全相关的书籍或网络上介绍的方法来安装防火墙和 DMZ，这使得带有恶意的攻击者比较容易找到主城堡的位置。

但是，随着客户端和虚拟化等技术的普及，与以前相比，现在已经很难找到主城堡究竟在什么位置了。

图7-9 DMZ的概念与城堡防御工事相同

就像为了包围城堡需要构建多层的城墙和护城河一样，
为了保护内部网络可以使用DMZ

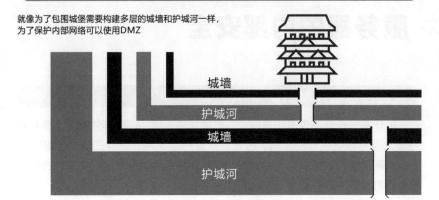

城墙

护城河

城墙

护城河

图7-10 DMZ在系统中的定位

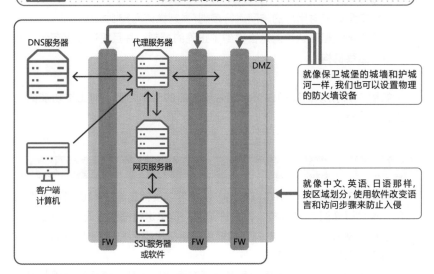

DNS服务器

代理服务器

DMZ

客户端
计算机

网页服务器

FW

SSL服务器
或软件

FW

FW

就像保卫城堡的城墙和护城河一样，我们也可以设置物理的防火墙设备

就像中文、英语、日语那样，按区域划分，使用软件改变语言和访问步骤来防入侵

知识点

∅ 设置被称为DMZ的缓冲地带来保护内部网络。

∅ 随着技术发展的多样化，想从外部找到内部网络中心的具体位置已经变得越来越困难。

» 服务器的内部安全

强制性访问控制机制

　　近年来，企业不仅要防范内部网络被非法入侵，还需要注意防范服务器内部的用户将信息非法泄漏。因此，需要对组织内部所有的服务器进行判断，判断从用户认证到访问控制的所有处理是否遵循企业的安全策略的检查和保障机制。主要有以下三大功能。

- 实现跨越组织内部多个服务器，对所有用户进行统一的管理和认证（目录服务服务器）。
- 依照安全策略对用户的访问进行控制(强制性访问控制机构)。
- 依照安全策略确认访问是否得到了正确的控制，并且将记录保存到日志中（监察机构）。

　　如图7-11所示，我们以访问业务服务器的请求为例，对上述功能的过程进行了整理。

目录服务器的优点

　　对比图7-11和图4-15可以看出，系统可以发挥出与SSO服务器类似的作用，也可以像图7-11那样，对允许访问的信息进行细致且周密的定义。

　　您可以从入口(如密码的位数和使用的字符串组合)，到出口（如访问信息的管理和日志）进行管理。

　　如图7-12 所示，如果用户和系统两方面比较凌乱，使用目录服务器是比较有效的。

　　虽然在对规则进行定义时需要提前做一些准备工作，很耗费时间，但是这是保护网络内部安全的有效手段。

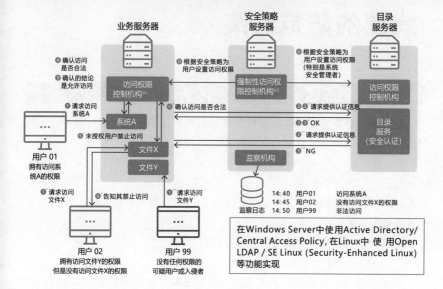

图 7-11 控制访问业务服务器的示例

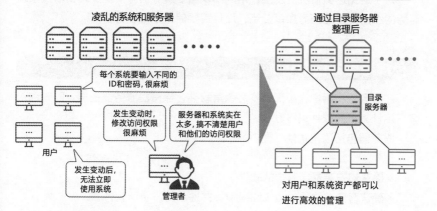

图 7-12 目录服务器的效果

知识点

✏ 设置管理用户的服务器，可以强化系统中各个服务器的安全性。
✏ 因为需要进行细致且周密的定义，所以实际的效果会非常理想。

※1 主要负责对用户信息管理和登录的控制。
※2 根据安全策略设置访问权限。

149

» 病毒的防范对策

感染病毒的原因

　　虽然系统感染病毒的原因多种多样，但是大多是由用户的行为不当所导致的。其具体原因主要包括以下4种（图7-13）。

- 浏览外部的网页站点。
- 通过接收到的邮件中的超链接浏览外部网站或打开附件文件。
- 下载的软件。
- 通过计算机读取U盘或各种外部存储介质。

　　感染病毒后，计算机将无法使用，数据也极可能会被泄漏。如果服务器也感染了病毒，其后果将不堪设想。

　　为了避免这类情况的发生，用户不仅需要遵守信息安全策略或依照策略运用的细则对上述行为加以控制，而且需要使用**杀毒软件**。

反病毒服务器的功能

　　在服务器和客户端都需要安装杀毒软件，通常由服务器主导，同时也对客户端计算机的软件进行升级。

　　服务器包括以下功能（图7-14）。

- 确认和安装最新版本的软件。
- 确认客户端软件的版本和级别，并提示用户更新软件。

　　在此之前讲解的服务器中，与第4-4节中的NTP服务器的功能比较接近。在第9章中将要介绍的WSUS服务器也具有类似的功能。

图 7-13 感染病毒途径的示例

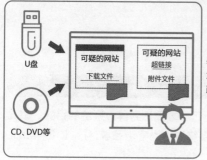

U盘

可疑的网站
下载文件

可疑的网站
超链接
附件文件

CD、DVD等

感染计算机病毒大多是由于用户疏忽大意导致的

信息安全策略

信息安全教育

为了更好地防范计算机病毒，加强对信息安全策略的理解和信息安全教育是不可或缺的

图 7-14 反病毒服务器的概要

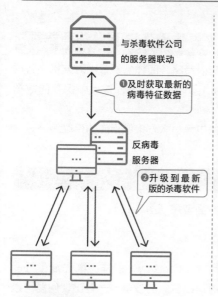

与杀毒软件公司的服务器联动

❶及时获取最新的病毒特征数据

反病毒服务器

❷升级到最新版的杀毒软件

电子邮件病毒的防范示例

来自公司外部的邮件

带exe的附件文件等

带exe的附件文件等

为了防止来自公司外部的恶意电子邮件的攻击和公司内部感染了病毒的计算机继续扩大影响，很多服务器和客户端都带有自动禁止带有exe的附件文件的邮件的功能

知识点

✎ 为了防范病毒，用户不仅需要注意自己的行为，而且需要使用专门的杀毒软件。

✎ 反病毒服务器会经常确认和安装最新版本的软件，并对服务器本身和客户端的软件进行更新。

» 故障的应对策略

备份的逻辑角度概述

只有能确保系统和服务器的稳定运行，才能达到导入系统的目的。

即便发生故障也能够继续运行的系统被称为容错系统（Fault Tolerance System）。

采取故障应对策略是确保系统稳定运行不可或缺的因素。接下来将从物理角度和技术角度分别进行讲解。

物理角度

不仅需要对服务器本身采取故障应对策略，同样需要分别对连接服务器和网络的网卡（Network Interface Card，NIC）、磁盘、磁盘中保存的数据制订故障应对策略（图7-15）。

此外，对于所有设备都需要使用的电源也需要采取相应的保障策略。

技术角度

从技术角度来看，可以从以下两方面考虑（图7-16）。

- 双机化。
  像主服务器（active）和从服务器（stand-by）那样，事先准备好需要使用的设备和发生突发状况时可以应急的设备，一旦出现问题可以立即切换到从服务器。
- 负载分散。
  准备多个硬件，对负载进行分散处理的方法。

图7-15 故障应对策略的物理性概述

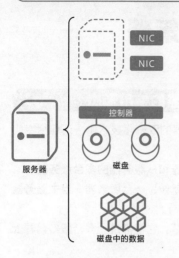

服务器

控制器

磁盘

磁盘中的数据

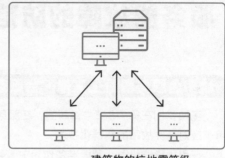

・建筑物的抗地震等级
・电源的保障

在东京设置了据点的企业，如果同时在北海道和大阪以西的区域设置同样的据点和设备，就能更好地抵御自然灾害

图7-16 故障应对策略的技术性概述

对象	技术名称	概要	性质
服务器本身	集群化	当生产系统发生故障时切换到备用系统	A
	负载均衡	将负载分散到多个服务器，防故障于未然	B
NIC	网卡绑定	防止网卡（NIC）发生故障导致无法通信	A、B
磁盘	RAID	双机化的RAID 1、将数据分散保存的RAID 5等	A、B
数据	备份	完整备份、差分备份、复制等	A
各个设备和机箱	UPS	具备停电时临时供电的功能和安全关机的功能	A

双机化（A）

负载分散（B）

知识点

✐ 即使发生故障也能够继续正常运行的系统被称为容错系统。

✐ 故障应对策略大致可从双机化和负载分散两个方面来考虑。

》 服务器故障的防范策略

让多台服务器看上去像一台服务器的使用形态

正如我们在第7-8节中讲解的，在服务器的双机化技术中，还包括专门用于应对硬件故障的**集群化**技术。

在引入集群化时，需要准备作为主服务器和从服务器的多台服务器。

从客户端的角度看，多台服务器看上去就像是一台服务器，**当主服务器发生故障时可以立即切换到从服务器**(图7-17)。

在第3章中对多个虚拟化技术进行了讲解，它们都是让多台服务器看上去像一台服务器的使用形态。

将负载分散到多个服务器的使用形态

负载分散（Load Balancing）也可以称为负载均衡，是一种**使用多台服务器分散作业负担从而提升整体的处理性能和执行效率的方法**。

集群化要在故障发生后才能体现出其价值，而负载分散是事先对负载进行分散，从而达到防故障于未然的目的。

虽然用户是感觉不到的，但是实际上软件或硬件会根据实际情况选择用户可以访问的服务器。

网页服务器就是一个简单的示例，如图7-18所示。

当访问数量激增时，一台服务器是无法处理所有请求的，因此需要通过增加服务器的数量来解决。

可以使用专用的设备服务器或操作系统中附带的软件实现。

图 7-17 .... 集群化的概要

两个服务器之间不间断地对数据进行复制

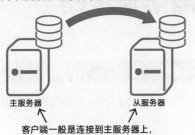

主服务器   从服务器

客户端一般是连接到主服务器上，
一旦出现故障就可以在毫无察觉的情况下
自动切换到从服务器上

相关术语：热待机

- 热待机是具备主服务器和从服务器的系统提升可靠性的方法
- 主服务器的数据会连续地复制到从服务器中，一旦发生故障就可以自动切换服务器

相关术语：冷待机

- 同样需要准备主服务器和从服务器
- 只有当主服务器出现故障后才会启动从服务器
- 由于是在主服务器出现故障之后才启动从服务器，因此切换时需要等待一段时间

图 7-18 .... 网页服务器负载分散的示例

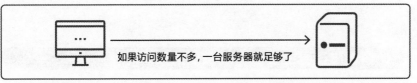

如果访问数量不多，一台服务器就足够了

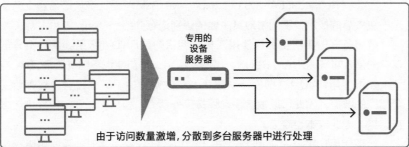

专用的
设备
服务器

由于访问数量激增，分散到多台服务器中进行处理

知识点

- 集群化是当主服务器发生故障时切换到从服务器的方法。
- 负载分散是通过将负载分散到多台服务器处理，从而达到防故障于未然的目的。

》 网络与磁盘的故障防范策略

防止网络无法连接的技术

服务器是连接到网络的，用于防止作为网络出入口的网卡发生故障而导致无法通信的技术被称为网卡绑定。

网卡绑定主要有以下两种使用方法（图7-19）。

- **容错方式**。

    其包含主网卡和备用网卡，当发生故障时可以从主网卡切换到备用网卡。

- **负载分散**。

    使用了多张网卡，可以像服务器的负载分散那样对网卡的负载进行分散处理。

让多块磁盘看上去像一块磁盘的技术

RAID（Redundant Arrays of Inexpensive Disks）是让多块磁盘看上去像是一块磁盘的技术。下面将对其主要的级别进行介绍。

像服务器的集群化那样使用双机化容错的是RAID 1级别，将数据分散保存的是RAID 5和RAID 6级别，不同的级别，其功能也不同（图7-20）。

如果使用RAID 1，即使一块磁盘发生故障，由于其他磁盘中保存着完全相同的数据，因此可以很容易地保持工作状态，但由于需要占用双倍的磁盘容量，因此成本也较高。

如果使用RAID 5和RAID 6，由于是将数据分散保存的，因此可以一次性读取多个位置中的数据，可以有效地提升磁盘的访问性能。如果磁盘发生故障时需要恢复数据，有时还需要配备备用的磁盘。大家可以根据数据的重要程度和恢复所需的时间以及不想让工作变得复杂等需求来选择不同级别的RAID。

图7-19　网卡绑定的概要

容错方式

平常用主NIC进行通信
发生故障时用从NIC进行通信

在Linux中被称为bonding (绑定)，
可以设置成多种工作模式

例如，图中的容错方式设置的工作模式是
active-backup

负载均衡

•用多个NIC进行通信
•也可以对带宽进行扩展

图7-20　不同级别的RAID的功能

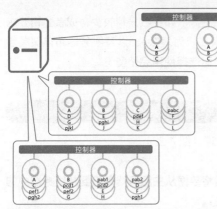

RAID 1
•数据被同时写入到两块磁盘中
•也被称为"镜像"
•如果一块磁盘发生故障，则立即进行切换

RAID 5
•即使四个系统中的某个系统的磁盘崩溃了，也可以从剩余的三个磁盘中将数据恢复
•如果磁盘A发生了故障，就从B、C和pabc (A、B、C的奇偶校验块) 中将A的数据恢复

RAID 6
即使四个系统中有两个系统的磁盘崩溃了，由于有两个奇偶校验块，因此可以从剩余的两个磁盘中将数据恢复

• 也可以在上述的RAID方案中加入让备用磁盘休息，当发生故障时自动替换发生故障的磁盘的热待机 (热备份) 的策略作为组合方案

• 最近的操作系统中都加入了对数据冗余化和电源断电瞬间防止数据丢失的功能。例如，Solaris系统中可以使用ZFS (Zettabyte File System) 文件系统，Linux可以使用Btrfs (B-tree File System) 文件系统等

知识点

✐ 为了确保服务器的网络连接稳定，可以采用网卡绑定技术。

✐ 网卡绑定的使用方法包括容错方式和负载分散两种。

✐ 作为应对磁盘故障策略的RAID包含RAID 1、RAID 5、RAID 6等不同等级。

》 **数据的备份**

备份的逻辑性概要

　　系统发生故障后造成的损失中，最让人头疼的问题之一是数据的丢失。服务器和存储装置中保存着各种重要的数据。一旦数据丢失，将会造成很大的影响。

　　因此，我们需要定期地对数据进行备份。数据备份包括将所有的数据定期进行备份的**完整备份**和对完整备份的差分数据进行备份的**差分备份**（图7-21）。

　　在以前，完整备份＋差分备份是主流。如果数据量较少，或者公司要求尽量让系统保持简单（差分数据的恢复较为复杂），以及服务器和存储装置的成本越来越低，使得越来越多的公司选择使用完整备份。

备份的物理性概要

　　物理备份的运用形态包括以下3种（图7-22）。

- **准备主服务器和从服务器，定期将数据从主服务器备份到从服务器中的运用形态（这是更为可靠的做法）。**
- **在同一机箱中准备备用的磁盘进行备份的运用形态。**
- **使用DVD和磁带等外部介质进行备份的运用形态。**

　　如图7-22所示，备份和恢复较为容易的运用形态成本较高，相反，备份和恢复较为复杂的运用形态则成本较低。也有重视灾难恢复（为了能够继续开展工作的灾害对策）的企业和组织。

　　此外，还有一种方法——复制，其实现方式是在中间件或应用程序端将数据保存到多个存储区域中。

| 图 7-21 | 备份的逻辑性概要 |

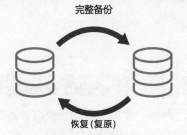

完整备份

恢复(复原)

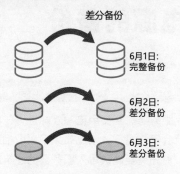

6月1日:
完整备份

6月2日:
差分备份

6月3日:
差分备份

- 最理想的方案是采用完整备份
- 只要完全复制就可以恢复数据,因此非常简单
- 需要考虑是否有多余的备用服务器和存储装置,还要考虑成本问题
- 最近由于磁盘价格下跌,采用完整备份的做法在增加

- 差分备份是只对完整备份的差分数据进行复制
- 如果差分数据的种类多,恢复数据的难度也会更高

| 图 7-22 | 备份的物理性概要 |

主服务器　　从服务器

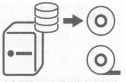

- 最保险的做法是从主服务器备份到从服务器
- 两个服务器安装的是相同的软件
- 虽然需要两台服务器,但是更有安全感

- 在服务器中增设备用的磁盘进行备份
- 虽然只用一台服务器,但是需要增加磁盘数量

也有使用DVD和磁带等介质进行备份的做法

为了防患于未然,也有将主服务器放在东京,将从服务器放在大阪的灾难恢复方式

主服务器　　　　从服务器

作为复制数据的方法,也可以将数据写入到多个磁盘中

知识点

✎ 备份可分为完整备份和差分备份。

✎ 备份可以通过设置从服务器,或者在同一服务器中增设用于备份的磁盘,以及使用DVD和磁带等外部介质等运用形态。

159

》 电源的备份

建筑物停电对策

服务器需要使用电源才能运行。由于停电等原因导致无法供电时,服务器就会停止运行,因此如果不采取相应的对策,后果是十分严重的。

首先需要确认导入服务器的建筑物的停电对策。大厦、医院和公寓等建筑物与普通家庭不同,是从多个系统供电的,如果是短时间的停电,可以自动切换到其他系统使设备继续运行。

此外,也有一些建筑物配备了即使电力公司停止供电也可以自己发电的**自备发电机**,这种情况下,在几分钟内就可以恢复电力供应。

导入服务器时一定要配备UPS

UPS是Uninterruptible Power Supply的缩写,是一种保护服务器和网络设备不受突然停电和急剧的电压变化影响的设备。

UPS具有在停止供电时**从电池向目标设备供电的功能**,以及通过安装专用的软件来**安全地关闭服务器的功能**(图7-24)。

如果服务器连接了可以供电15分钟的UPS,停电时就可以立即使用UPS的电源。如果停电时间超过15分钟,那么服务器中的专用软件和UPS会协同工作,确保可以及时将服务器关闭一段时间。

也就是说,如果停电时间短就不必在意;如果停电时间长,也可以避免服务器被突然关闭。简而言之,可以将UPS看作代替人工对电源进行管理的装置。

在导入服务器时必须配备UPS。服务器越大,需要配备的UPS尺寸也就越大。

图 7-23 停电后建筑物的供电情况

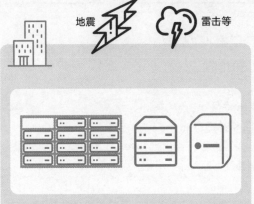

地震　　雷击等

在决定导入服务器之前，确认停电后该如何解决供电问题

• 是否能从多个电力系统供电
• 是否有自己发电的能力

图 7-24 UPS的概要

• 一旦检测到停电，会自动向服务器供电
• 在服务器中安装专用软件就可以安全地关闭服务器

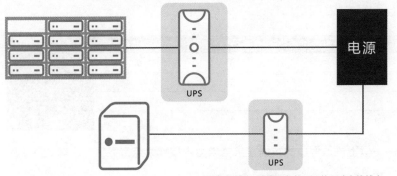

电源

UPS

UPS

服务器越大，需要配备的UPS的尺寸也就越大

知识点

✎ 导入服务器时必须同时配备UPS。

✎ UPS具备停电时保持继续供电的功能和安全关闭服务器的功能。

开始实践吧

为人工智能化准备数据——数据的创建

尝试使用以下例子完成数据的创建。

- 持有本店的会员卡<持有/未持有>。
- 与家人一起到店或情侣到店<多名/1名>。
- 收到来自客人的产品咨询<来自客人/自己推荐>。
- 谈及竞争对手<有谈及/未谈及>。

请假设将1和0的结果结合起来对这些项目进行简单的数值化处理，并决定是否给予进一步的折扣。

数据的创建与维护

下面将根据上述项目创建数据。我们将返回客户服务历史记录，如果没有历史记录则继续创建新的数据。创建示例如下，大家可以自己进行尝试。

有无会员卡	多名/1名	来自客人/自己推荐	有无谈及竞争对手	有折扣/无折扣
0	1	0	0	0
1	1	1	0	1
0	1	1	1	1
1	0	1	0	1

类似上述示例中的数据在机器学习中被称为监督数据。通常数据量越大，精度越高。

我们已经讲解过，实现人工智能系统包括使用自己设置服务器的方式和使用云服务的方式两种。

两种实现方式都必须创建监督数据，否则无法推进人工智能化处理，因此进入下一步之前请大家先用心准备数据。

第8章

服务器的导入——
服务器配置、性能估算、设置环境

不断变化的服务器导入①

考虑导入过程中的变化

服务器的选择与以前相比已经发生了很大的变化。

例如，20 年前是没有云服务器的，基本上都是内部部署，即在公司内部设置服务器。当然，在选择服务器之前，我们需要先考虑构建怎样的系统，这一点和以前是一样的。

但是，现在已经进入了只要是新的系统基本上就会先考虑使用云服务的时代。同时，全世界正在朝着不持有实物而是通过共享经济的方式来使用设备的方向发展。

从云服务开始考虑更明确

如果可以预计将来可能会发生业务的变更，数据处理数量和用户数量可能会发生急剧变化，可以考虑将能够灵活利用的云服务作为候选方案。

我们可以分析用户的增长趋势、用户使用服务的时间段、使用时间长短的推移来判断继续使用云服务是否能满足用户的需求。

即使业务几乎不会发生变化，也要首先考虑从云服务开始，之后考虑内部部署或租用服务器(图8-1)。

服务器也进入一次性时代了

从云服务开始是一个很大的变化，随着时代的发展，其他方面也在不断地发生变化。

以前的做法是在购买服务器时签订定期保修或者发生故障时检修的合同。

现在的情况是，几年前需要花费几百万日元的服务器，现在只需要一百万日元左右就可以购买了。即使服务器坏了，也可以换成备用的服务器。特别是对于导入了很多服务器的数据中心而言，这种运用方式已经很普遍了(图8-2)。

的确，当服务器的数量庞大时，从成本方面来看，与其支付保修费用，还不如直接配备备用的服务器和部件。

图 8-1	从云服务开始考虑服务器

计划制作
怎样的系统 ▶ 服务器负责执行
怎样的处理 ▶ 云服务 ▶ 是内部部署
还是租用服务器

今后选择服务器时，首先考虑采用云服务会更利于理解整个系统，再考虑是内部部署还是租用服务器的问题。云服务中也有可以应对使用状况的季节变化的产品

> 相关术语：横向扩展
> 横向扩展是指为了提升系统的处理能力而增加更多的服务器。
>
> 相关术语：纵向扩展
> 纵向扩展是指通过提高CPU等部件的性能来提升服务器的处理能力。

图 8-2	服务器也进入一次性时代了

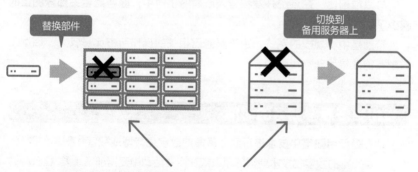

替换部件

切换到
备用服务器上

- 以前的做法是签订保修合同，一旦发生故障就进行检修和部件的更换
- 最近比较流行的做法是直接替换服务器
- 其原因是现在的服务器很少会坏，而且服务器的数量越来越多

知识点

∥ 选择服务器时，首先考虑云服务，再考虑内部部署或者租用服务器。
∥ 随着服务器价格的下降和数量的增加，对于维修保养的观念也变得多样化。

» 不断变化的服务器导入②

设计和构建过程中的变化

不只是云服务,如果是特定用途,只需简单设置即可投入使用的设备服务器也让系统开发在整体上变得更加容易。

以前在服务器的架构设计和动作确认方面是非常花费工时的。如果使用云服务,运用开始后再进行变更的工作会变得更为简单。此外,由于设备服务器中已经预装了所需的软件,因此可以事先完成动作的确认,让人比较放心(图8-3)。

工时的削减

与以前相比,在系统开发和导入所需的工时中,**服务器相关部分的工时减少了**。

特别是中小规模的系统,由于服务器相关的操作所占比重较大,因此工时削减的效果是非常可观的。

省出更多思考业务的时间

现在是使用**数字化技术**进行商业革命的**数字化转型**或数字化创新的时代。种类丰富的数字化技术使得信息系统在商业活动中变得非常重要(图8-4)。

在运用数字化技术的过程中,不仅需要研究系统,也需要对商业模式本身进行研究。这是一个商业规划者也需要考虑系统的时代。

我们为何不将省出的时间用来研究**商业或者学习最新的数字化技术呢**?

对于许多商务人士而言,对人工智能和物联网等数字化技术的理解,已经变得不可或缺。

图8-3 无须进行服务器的结构设计和动作确认

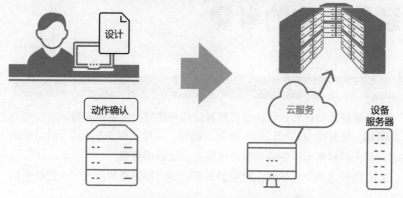

现在不需要先进行设计和动作确认，而是先配置好云服务和设备服务器

图8-4 种类丰富的数字化技术

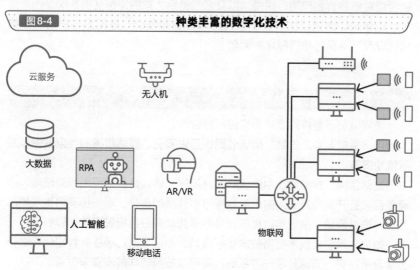

数字化转型（DX）、数字化创新（DI）的时代

知识点

✍ 云服务和设备服务器的出现，削减了系统开发中服务器相关部分的工时。

✍ 省出的时间可以用来研究商业模式和学习新的技术。

》系统架构的考量

将系统架构具体化

在考虑导入系统时，首先需要对系统架构建立一个清晰的框架。

例如，在新成立的部门导入业务系统时，就需要像第8-1节中所讲解的那样，首先需要考虑是使用云服务还是自己设置服务器。

如果是普通的业务系统，目前设置在公司内部部署的服务器上的情况比较常见。

这种情况下，就需要从对数据处理的要求、处理数量和用户数量等方面来考虑服务器、客户端、网络，以及它们各自大概的架构（图8-5）。

近年来，之所以关于系统架构的思考变得复杂，是因为客户端的多样化，以及还需要考虑虚拟化的问题。

案例和动向的确认

通常情况下是按照上述内容进行研究的。

接下来需要考虑的是，**确认公司的历史案例、媒体报道的类似案例以及系统动向等**。

也就是说，像图8-5 中的虚线部分那样，确认是否使用无线局域网，以及是否设置开发和测试用的服务器等可能遗漏的部分。对于那些同类系统的案例，通过网站、杂志和各种研讨会对最新动向进行把握应该比较稳妥。

如果是数字化技术等新技术和新领域，相信大家已经在各种媒体中进行了学习和研究，无论是哪一种系统，都可以按照同样的步骤来考量。

这样一来，就可以构建符合商业和IT 技术发展动向的可长期使用的系统（图8-6）。

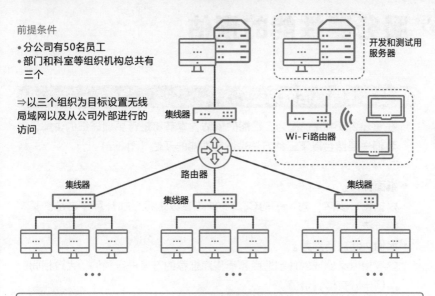

| 图 8-5 | 考虑系统架构的示例 |

前提条件

• 分公司有50名员工
• 部门和科室等组织机构总共有三个

⇒以三个组织为目标设置无线局域网以及从公司外部进行的访问

开发和测试用服务器

集线器

Wi-Fi路由器

路由器

集线器

集线器

集线器

| 图 8-6 | 考虑系统架构的步骤 |

讨论系统的组成架构 ➡ 收集类似案例和系统发展动向的信息 ➡ 通过网络、杂志、研讨会等对最新动向进行把握

构建符合商业和IT技术发展动向的可长期使用的系统

知识点

/ 根据基础的信息考虑系统的架构。
/ 希望大家通过确认同类案例和系统动向以及学习最新技术的方式来考虑合适的系统架构。

》 服务器性能的预估

服务器性能预估的方法

在第3-2节中我们提到了**性能的预估**，本节将进行更加详细的讲解。我们主要结合以下三种方法来进行性能的预估（图8-7）。

- **纸面计算。**
  根据用户要求，对所需的CPU性能等参数进行叠加计算。这是最基本的方法。
- **案例、制造商推荐。**
  参考相似案例或软件制造商和销售商推荐的方案进行预估。大致相同的案例十分有借鉴价值。
- **使用工具验证。**
  特别是在与网页相关的服务器中，使用工具验证是最常用的方法。通过测试负载的工具，掌握现有CPU 和内存的使用情况，并基于这一测试数据进行研究。

不断变化的纸面计算

以前我们进行纸面计算是以时钟频率（运行频率）为中心的。例如，2GHz的CPU是按照每秒20亿次运算的数值进行计算的。

近年来，CPU 的性能得到了飞跃性的提升，只要数据量不是很大，就可以不用太在意它。由于各种应用程序都存在执行多任务处理的需求，因此在PC服务器中，**以CPU的核心数量与线程数量为中心的估算方式已经成为主流**（图8-8）。

CPU的核心数量是指CPU的盒子（CPU包装）中包含多少个CPU，而线程数量则是指可以处理的工作或软件的数量。

图 8-7　　　　　　　　　　　　**性能预估的三种方法**

纸面计算　　　　　参考相似案例和制造商推荐　　　　安装测试工具
　　　　　　　　　　　的产品　　　　　　　　　　进行负载和性能的压力测试

图 8-8　　　　　　　　　**CPU的核心数量与线程数量**

线程数量越多，表明可以并行执行的处理越多

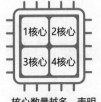

核心数量越多，表明　　　每个核心运行　　　　每个核心运行
物理CPU的数量越多　　　一个线程　　　　　　两个线程

知识点

⤲ 服务器的性能预估是以CPU为中心的，根据用户要求进行纸面计算是基本的方法，也可以参照相似用途或规模的案例以及制造商推荐的方案进行预估。

⤲ 随着CPU性能的提升，PC服务器以核心数量和线程数量为中心进行预估的方法已经成为主流。

» 性能预估的例子

学习前提条件案例

在本节中，我们将对性能预估中比较流行的纸面计算和历史导入案例进行讲解。

笔者的团队是面向企业客户提供IT 咨询服务的，为了提升业务效率、方便开发面向客户的系统和学习新技术，也设置了内部部署的服务器。

下面以虚拟环境为例进行讲解，可以通过绘制**草图**的方式确保没有遗漏和错误(图8-9)。

● 前提条件

Windows Server、VMware中的虚拟环境。

● 服务器

■ 服务器用软件：业务系统、BPMS、人工智能、RPA。

■ 中间件：MS SQL。

● PC

人工智能、OCR、RPA等共计5组。

学习纸面计算的案例

使用上述软件以虚拟化为前提来进行预估（图8-10）。

服务器中包括操作系统在内共有6组，根据历史案例和软件制造商推荐的方案，将CPU的核心数量和内存以4核心×8GB作为VMware的标准值。此外，台式计算机以2核心×4GB作为标准值。

将这些数值像图8-10那样进行计算，就可以得到合计值为34核心×68GB。

以34和68作为基准，由于业务系统权重不是很高，因此实际采购的服务器的性能的参数可以乘以1.25。结果选择的就是CPU为44核心、内存为96GB的服务器。

磁盘也可以根据RAID等结构来进行预估（参考）。

图 8-9	绘制草图进行确认

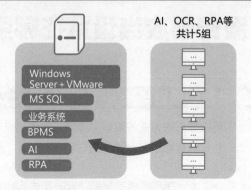

< CPU和内存的估算 >

服务器的虚拟环境：共6个

PC的虚拟环境：共5个

AI、OCR、RPA等
共计5组

Windows Server + VMware

MS SQL

业务系统

BPMS

AI

RPA

绘制草图进行确认，确保没有遗漏和错误

图 8-10	纸面计算的方法

(CPU、内存)

服务器用 VM	(4核心、8GB) × 6组 =	24核心、48GB
桌面计算机用 VM	(2核心、4GB) × 5组 =	10核心、20GB
合计		34核心、68GB
调整后（×1.25）		43核心、85GB
=实际需求		44核心、96GB

- 由于虚拟环境是由虚拟化软件（本例中使用VMware）统一管理的，因此不会因为软件的不同而产生差异。我们只需在制造商推荐值或类似案例中的虚拟环境的基础数值上乘以数量即可

- 通常为了保留余地，调整参数一般为1.2~1.5。由于这次的业务系统权重不是很高，因此没必要采用很高的规格，使用1.25进行调整即可

- 调整后的数值与实际采购的数值不同是为了配合服务器的CPU和内存的配置数量

- 由于磁盘采用的是RAID 6和热备份的组合，因此实际可用的磁盘容量是5TB。整体的磁盘数量是8个，其中有两个是奇偶校验区，一个是热备份，因此实际容量是8-2-1 = 5。RAID 6和RAID 5中由于奇偶校验区的存在，实际可以使用的容量要小一些

参考： 磁盘的预估　　　　　　　　　　　　　　　　　　　　　各1TB

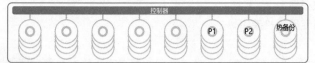

知识点

- 进行性能预估时，采用绘制草图的方式相对来说不容易出错。
- 根据案例或制造商推荐值来确定基础数值，并进行准确的计算。
- 在充分考虑访问高峰期的运用和将来可能需要扩展业务的基础上对参数进行调整，同时也需要考虑系统的可扩展性。

服务器应当设置在哪里，怎么设置

服务器的设置场所

采用内部部署方式设置服务器时，如果已经确认好物理尺寸，事先需要考虑的就是**设置场所**，一般包括以下3个选项（图8-11）。

- 办公室内管理员的桌子下面（暂时存放）。
- 办公室内专用的机架中。
- 服务器机房（计算机房）。

服务器发出的噪声比个人计算机大得多，有些形状的机箱的温度和发热量都是不容忽视的，因此不推荐设置在办公区域，需要划分**专用空间**来放置服务器。有些企业和组织是将文件服务器与打印服务器以部门和科室为单位，设置在公司内部服务器专用的机架中。

服务器安装和存放的方法

一旦确定好设置的场所，接下来需要考虑的就是如何安装和存放服务器（图8-12）。一般包括以下两个选项。

- 直接放在地上。
- 存放在专用的机架中。

19 英寸的机架是标配，还有一些用于解决噪声和发热量问题的配备有门的机架类型。

图 8-11　　　　　　　　　　　　　　　　**服务器的设置场所**

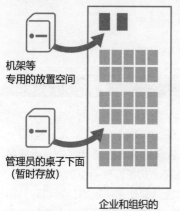

机架等
专用的放置空间

管理员的桌子下面
（暂时存放）

企业和组织的
办公空间

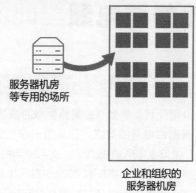

服务器机房
等专用的场所

企业和组织的
服务器机房

※专门用于放置计算机设备

图 8-12　　　　　　　　　　　　　　　　**服务器安装和存放的方法**

办公室里面

放在办公桌下面

※由于占用空间大、
噪声大、发热量高，
因此不推荐

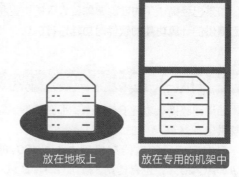

放在地板上　　　放在专用的机架中

专用空间
和服务器机房

知识点

∥ 使用内部部署方式设置服务器之前，必须先考虑设置场所。

∥ 服务器与个人计算机相比，占用空间大、噪声大、发热量高，因此基本上
　是放置在专用的空间。

》 服务器电源

服务器的功耗

众所周知，服务器是需要供电的设备。

根据供电局的数据，日本普通家庭签订的供电合同的电流大多是30 ~ 40A。如果是40A的电流，一次可使用的电器产品不能超过4000W，电吹风机和微波炉的功率都在1000W左右，如果在每个房间都使用空调则要小心。

对于服务器的功耗，如果是正在运行的话，即使是小型服务器也有几百瓦，大型服务器则会超过1000W或2000W，相当于一直在使用大型的电吹风机。而对于计算机的功耗，台式计算机运行时的功耗为100W左右，笔记本电脑的功耗为40W左右，如果是新机型，功耗还会更低。

如果要在家庭内部安装服务器，就需要与供电局签订将供电变更为40 ~ 50A的合同，当然，对于办公室来说也是同样的道理（图8-13）。

如果已经确认了内部部署需要导入的类型和结构，可以通过**制造商或销售商提供的计算功耗的软件对功耗进行确认**。

那里的插座能用吗

如果已经确认功耗没有问题，那么接下来需要确认的就是在物理上是否能够供电。

日本家庭用的电器产品基本上是100V的，服务器大多是使用单相（1ϕ）AC 200V，也有使用3相（3ϕ）AC 200V的。根据办公室的具体情况，有时需要安装配电箱。

此外，如图8-14所示，日本服务器插座的形状主要是三孔式的。

最基本的要求，必须确认**是否连接上服务器的电源适配器，如果连接上就可以立即使用**。

图8-13　　　　　　　　　　　**功耗和与供电局签订的合同**

日本普通家庭合同供电电流多在30～40A

需要确认办公室和所在楼层
的电力是否足够供应服务器

- 日本电吹风机和微波炉的功率都在1000W左右
- 在家里放置几百瓦的小型服务器，需要与供电局
  重新签订合同

图8-14　　　　　　　　　　　**服务器插座的形状**

插座的形状

插头的形状

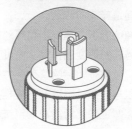

知识点

✎ 服务器的功耗大，因此需要事先计算出最大功耗以确保办公室有足够的电
力供应。

✎ 服务器的电压和插座的形状与普通的电器产品不同，因此也需要进行确认。

» 确认与公司IT策略的一致性

IT策略的确认

导入系统和服务器的目的多种多样。例如，为了提高某项业务的效率，想要导入新的系统和服务器，或者导入人工智能、物联网、RPA等数字化技术以提高行业竞争优势。

这种情况下必须要确认的是**IT策略**和计算机系统部门制订的指南。

IT策略是企业和组织内部关于计算机技术与系统使用的形成体系的规定，其内容包括策略、基本方针、体制、运用等。通常公司会在一段时间评估新IT策略，通过循环执行PDCA使其更加完善（图8-15）。

而我们听到比较多的安全策略则归属其中。

以前有些企业和组织没有制订相关策略，但现在正在普及。

在考虑需要导入的系统和服务器是否符合IT策略时，需要参照规范文件进行确认。

向计算机系统部门咨询

如果没有充足的时间去考虑，或者对这方面不是很清楚，**向计算机系统部门咨询**是最快的方法。

这种情况下，建议不仅是对策略和指南的内容进行咨询，还应对购买系统和服务器时需要的预算、审批方式、审批人的确认，以及采购、安排、实际导入、运用开始后的管理一并咨询更加明确。

可以与计算机系统部门等相关部门或人员进行协商，明确自己或本部门需要做哪些工作之后再导入系统和服务器（图8-16）。

图8-15　　　　　　　　　　　　　　**IT策略的概要**

IT策略:

企业和组织内部关于计算机技术与系统使用的形成体系的规定

对IT策略、基本方针、体制、运用等内容进行整理，安全策略归属其中

- 比较长的规定通常是十几页A4纸
- 最近，企业和组织在内部的网站中公开的做法比较常见

图8-16　　　　　　　　　　　　　**向计算机系统部门咨询**

除了要与 IT 策略和指导方针保持一致外，也要与计算机系统部门进行协商

公司内部流程　　　　采购和运营

- 采购预算
- 审批方式
- 审批人确认

- 采购（下单）
- 各种安排
- 实际导入
- 运用开始后的管理

- 有的企业不仅有计算机系统部，还有经营管理部门等
- 与服务器相关的软件从下单到收货都需要时间，因此提前做好准备工作是比较稳妥的

知识点

∕ 导入系统和服务器时，需要确认与公司IT策略的一致性。

∕ 必须与计算机系统部门等信息系统整体相关的部门进行协商推进。

» 服务器由谁管理

谁在管理服务器

　　导入系统和服务器之后，还需要配备专门的人员进行管理。管理员有时也被称为 Administrator。

　　如果是客户端计算机，用户在日常使用时就可以对其进行管理；但是如果服务器是共享的，就需要事先确定由谁来进行管理（图8-17）。

　　第8-8节对IT策略和向计算机系统部门咨询进行了讲解，在企业和组织中，在哪里设置了哪些系统和服务器一般是由综合管理计算机系统的部门进行管理的。不过有些公司是由部门内部管理其使用的系统和服务器的。

服务器管理员的职责

　　下面以部门内部管理系统和服务器的管理员的职责作为示例进行讲解。企业和组织的部门的管理员共同的职责包括以下内容（图8-18）。

- **用户管理**：添加系统的新用户、增加及修改用户权限、删除等操作。
- **资产管理**：服务器和软件作为资产分配了资产管理编号，因此需要确认是否正在使用。特别需要注意的是连接到服务器和计算机的外接设备。
- **运用管理**：需要定期确认服务器是否稳定运行，也包括安全方面的确认。

　　综上所述，根据系统和服务器的不同，需要花费相应的工时。因此，**在考虑导入时需要考虑好由谁进行管理以及管理所需的工时。**

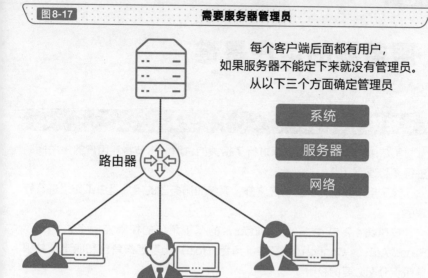

图8-17 需要服务器管理员

每个客户端后面都有用户，
如果服务器不能定下来就没有管理员。
从以下三个方面确定管理员

系统

服务器

网络

路由器

图8-18 部门系统与服务器管理员职责的示例

系统和服务器管理员的职责

・用户管理
・资产管理
・运用管理（包含安全管理）

相关文档和
报告的编写

※ 由于需要对实际的设备进行管理，
设备数量越多，工作就越繁重

知识点

✎如果不事先确定好服务器的管理员，就可能出现没有人管理的问题。
✎部门内部的系统和服务器的管理工作包括用户管理、资产管理、运行管理等。

>> 服务器的用户是谁

谁在使用服务器

第8-9节以管理员为主题进行了相关的讲解，本节将对用户的相关问题进行了整理。

除了用户数量很少的情况之外，系统和服务器的用户是由**工作组**进行管理的。

按照第4-2节中提到的Windows的基于角色的权限控制系统（Role-Based Access Control）的基准。角色（role）代表工作角色和职责，并根据职责分配必要的权限。

所谓工作组，如果是指企业和组织的业务，基本是由**执行工作职能或以单位分组组成的**。日本公司大多是由部门组成，部门下面又有科室和小组。各部门由部长、科长、组长、普通员工组成，赋予他们不同职位和不同的权限。在规划工作组时，需要考虑纵向的小组和横向的小组（图8-19）。

用户的权限

如果对用户和权限进行分组化管理，当销售部A科的科长调任至信息部时，他就无法访问销售部的文件，但是可以访问信息部的文件，这类权限的变更比较容易实现。此外，如果科长这一职位没有变化，对允许科长访问的文件与往常一样。

仅从组织的职务来考虑，很容易遗漏的是**系统管理员和开发者**。

对于系统管理员，通常会赋予其因工作变动更改使用者权限和可以访问绝大多数目标系统或文件的权限。

在持续开发新功能的系统中，需要开发者对系统进行维护，因此需要赋予开发者一定的权限。

图 8-19 **用户的概要**

	行政部	销售部	信息部
部长			
科长			
组长			
普通员工			

以部门为单位分组，然后按允许部长访问、允许科长访问等方式以职位进行
划分和设置访问权限

图 8-20 **必须设置系统管理员与开发者**

生产机　　开发机

更改
用户

系统管理者

软件
升级

系统开发者

- 如果仅从组织的职位考虑，就可能忘记设置
系统管理员，因此需要注意
- 添加新的用户、修改用户权限等操作是由系
统管理员执行的

在需要添加新功能的系统中，如果开发
者没有赋予相应的权限，就无法进行软
件的升级和测试操作

> **知识点**
>
> 🖊 以部门为单位或根据职位对用户进行分组和管理。
> 🖊 仅从组织方面考虑，容易忘记系统管理员和开发者的存在，因此需要注意。

» 从系统开发流程看服务器的导入

系统开发流程

服务器的架构设计和性能预估不是单独进行的，而是定位成系统构建过程中的一个流程。

下面我们将对系统开发的传统流程**瀑布式开发**中的定位进行确认。

瀑布式开发就像瀑布一样，按照定义需求、概要设计、详细设计、开发与制造、综合测试、系统测试、运行测试的顺序来执行。其他的开发方式还包括以软件或程序为单位，按照需求、开发、测试、发布的顺序反复循环的**敏捷开发**（图8-21）。

各个流程中服务器相关的工作

下面我们将对各个流程中服务器的工作进行总结，其中**前半部分的流程是特别重要**的（图8-22）。

- 定义需求。
  对用户的要求进行收集和总结，定义用户的需求。
- 概要设计与详细设计。
  根据需求进行架构设计和性能预估。
- 准备服务器。
  服务器的构建和设置。
- 各种测试。
  不仅需要对服务器进行测试，还需要对网络和系统整体进行测试，如集成测试中网络的一致性确认，系统测试中系统整体的动作确认，运行测试中用户执行输入/输出处理操作等。

图 8-21	系统开发流程

瀑布式开发

定义需求 ▷ 概要设计 ▷ 详细设计 ▷ 开发与制造 ▷ 集成测试 ▷ 系统测试 ▷ 运行测试

敏捷开发的流程

需求、开发、测试、发布

需求、开发、测试、发布

需求、开发、测试、发布

需求、开发、测试、发布

图 8-22	服务器的重要工作在前半部分

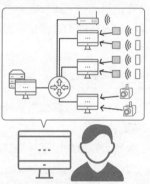

定义需求：

对用户的要求进行收集和总结
定义用户的需求

概要设计与详细设计：

根据需求进行架构设计
和性能预估

准备服务器：

根据系统规模的不同，有可能同时需要准备生产系统和开发系统，因此
需要准备不同的服务器

知识点

🖉 在系统开发流程中，服务器与所有流程都相关。

🖉 对于服务器而言，系统开发流程的前半部分是特别重要的。

开始实践吧

两个主题

这里我们将通过两个主题进行整理：一个是实际观察服务器；另一个是分析自身与服务器和系统之间的关系。

观察服务器

在第3章中对离我们最近的文件服务器进行了讲解。如果是以前就存在的企业和组织，应该会有现成的文件服务器。

大家知道日常工作中使用的文件服务器实际上设置在哪里吗？

如果知道具体的设置场所，建议大家去观察一下服务器。

不过在此之前需要确认谁是服务器的管理员。

可以到桌子下面、专用机架或者专用的房间找找看。但是，从安全方面考虑，也有可能无法直接看到实物。

与服务器和系统之间的关系

接下来，请以其他服务器和系统为例，定义你自己与服务器和系统之间的关系。

大致可以分为以下几种，具体在第9章中将进行讲解。

在自己最接近的位置上打上√	种 类	示 例	有相关经验就打上√
	规划系统的人员	高管、用户、计算机系统部的人员、IT供应商、顾问	
	开发系统的人员	计算机系统部的人员、IT供应商、顾问	
	使用系统的人员	用户	
	管理系统的人员	计算机系统部的人员、用户、IT供应商	
	为今后的工作在学习中做准备	为未来考虑	

如果之前就对自己与服务器和系统之间的关系进行了整理，那么也许会对服务器和系统有着更清晰的认识。

现在开始也不晚，请务必复习相关章节的知识。

第 9 章

服务器的运营管理——

实现服务器的稳定运行

» 运行中的管理

稳定运行与故障响应

系统开始运行后，接下来需要进行以稳定运行为目的的管理。

以前是将故障响应作为重点，现在的主流思想是将稳定运行作为目标，做到防故障于未然（图9-1）。系统一旦发生故障会给商业活动带来巨大的影响，如手机系统或大规模的网页服务，前者如果停止提供服务会对很多行业和个人的活动带来影响；后者如果无法申请和接受订单，带来的商业损失是非常巨大的。除此之外，还有以下因素。

- 硬件、软件的技术进步提升了单个设备的可靠性。
- 由于将硬件和软件组合而成的系统结构变得越来越复杂，等到故障发生再处理就太迟了。

系统正式运行后的管理

系统正式运行后的管理分为以下两类（图9-2）。

- **运营管理**（系统运营负责人）。
  运营管理包括日常的运营监视、性能管理、变更响应、故障响应等。
- **系统维护**（系统工程师）。
  系统维护包括性能管理、升级与添加功能、修复bug、故障响应等。系统有需要持续维护的情况，也有只需维护一段时间的情况。这需要从发生故障所产生的影响和程序、系统稳定运行的程度进行判断。

如果是小规模的系统或限制在部门内部访问的系统，**正式运行后只使用前者的运营管理**的做法较为常见。

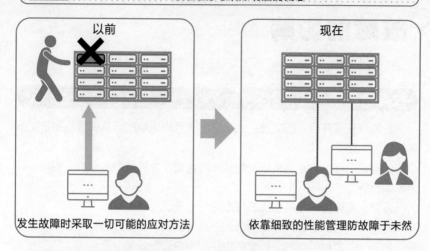

图 9-1　　稳定运行与故障响应的概念

以前

现在

发生故障时采取一切可能的应对方法

依靠细致的性能管理防故障于未然

背景

● 系统故障所导致的商业上的影响变得越来越大
● 硬件、软件本身的可靠性在提升
● 由于系统结构变得越来越复杂，等到故障发生再处理就太迟了

图 9-2　　系统正式运行后的管理的思想

两种管理模式	内　容	备　注
运营管理 （系统运营负责人）	● 运营监视、性能管理 ● 变更响应、故障响应	标准的，可按手册指导操作的运营等
系统维护 （系统工程师）	● 性能管理、升级与添加功能 ● bug 修正、故障响应	主要是非标准的，无法编写成手册的运营方法

● 大规模系统或发生故障时影响较大的系统中管理的例子
● 如果是小规模系统或部门内部的封闭系统大多只采用运营管理模式
● 也有同时采用以上两种管理模式的做法

知识点

✎ 系统正式运行后就要进入以稳定运行为目的的管理，服务器也是其中的一环。

✎ 现在将故障防患于未然的做法是主流。

✎ 系统正式运行后的管理分为运营管理和系统维护两大类。

» 故障的影响

故障的影响范围

在系统正式开始运行之前，我们应当先考虑系统的运营管理和维护的具体形式。

此时需要考虑的是当系统发生故障时可能产生的影响的程度，也可以称为**影响分析**。

通常从故障影响范围和影响程度进行分析。

影响范围包括对客户和公司外部造成的影响，可划分为对全公司、某个分公司、分公司中的部门、特定的组织和用户的影响等（图9-3）。

例如，如果手机通信系统发生故障，对手机的用户和公司自身的故障修复、向客户解释原因等，都是比较让人头疼的工作。而金融机构的ATM、公共交通设施的检票口、售票机等也是同样的道理。

与此相对，如果只是部门使用的发票系统停止运行，其影响只会局限于部门和特定的组织内部。

故障的影响程度

我们可以使用数值来表示影响的程度。

可以将程度分为最大（最差）、大、中、小四个等级，或者简化成三个等级，或者分为更加详细的五个等级。结合影响范围和影响程度进行分析的示例如图9-4所示。

不同的企业和组织中运行的系统发生故障所带来的影响是不同的。**影响范围较大且影响程度较深的大规模的系统需要做好万全的准备，以保持系统稳定运行，因此第9-1节列举的两种管理模式是必不可少的。**

相反，如果是影响范围与影响程度较小的系统，只需要进行运营管理即可。关于这些问题，与系统的相关责任人达成共识是非常重要的。

此外，还有一种详细地对故障进行影响分析并对其进行定义的方法，即CFIA（Component Failure Impact Analysis）。

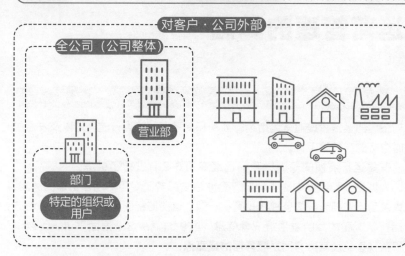

图 9-3　　　　　　　　　　　　故障影响范围的概要

对客户·公司外部

全公司（公司整体）

营业部

部门

特定的组织或用户

- 影响范围可划分为对客户或公司外部、全公司、营业部、部门、特定的组织或用户等
- 从图中可以看到，不同的系统其影响范围的差别也很大
- 通常作为社会生活基础设置的系统一旦发生故障，其影响范围是非常大的

图 9-4　　　　　　　　　故障的影响范围和影响程度的示例

重要程度 = 影响范围 + 影响程度			影响程度			
			最大	大	中	小
			4	3	2	1
影响范围	对客户或公司外部	5	9	8	7	6
	公司整体	4	8	7	6	5
	分公司	3	7	6	5	4
	部门	2	6	5	4	3
	特殊组织或用户	1	5	4	3	2

- 根据影响范围和影响程度可以明确目标系统的运营管理以及系统维护模式
- 图中框住的区域的重要度比较高，因此需要采取万全的措施防止出现故障

知识点

- 通过分析故障造成的影响范围和影响程度可以明确正式运行后应当采用的管理模式。
- 对于那些影响范围与影响程度都非常大的系统，必须做好万全的准备来进行管理。

» 运营管理的基础

系统的运营管理

系统的运营管理通常包括运行监视和使系统**稳定运行**的管理以及发生故障时进行的**恢复**等工作。

有关运行监视的知识，我们已经在第6-2节进行了讲解。

大型企业和数据中心等地方，企业通常配备了专用的运营管理的房间，有大量用于监视系统的监视器排列在一起。这些监视器中显示了系统各部分的运行状况和故障的发生情况等信息（图9-5）。从这一层面来讲，可以说运行监视系统及其服务器是**服务器的最高点**。

运营管理者的任务

运营管理是需要配备专门人员的。提供Web服务的企业、大型企业和数据中心等是由拥有专业技术的人员24小时不间断地进行管理的（图9-6）。为了缓解这一情况，有越来越多的企业开始转向使用云服务。

为了确保系统能够稳定地运行，需要进行系统的性能管理，维护、添加和变更操作。这与建筑物的消防设备需要定期检查、维修或更换是一样的道理。

企业和组织会定期地进行地震和火灾的疏散演习，而针对系统故障的发生，运营管理者也需要定期地进行"故障训练"，其目的是一旦出现问题，系统可以短时间内恢复正常运行。

一说到系统和服务器，想必大家会联想到设计和开发、站在用户的立场考虑好不好用以及性能如何，实际上运营管理才是最辛苦的工作。因为，运营管理者很可能需要配合系统的运行而进行**24小时的管理**。

笔者认为系统和服务器的用户应当向系统的运营管理者们表达敬意。

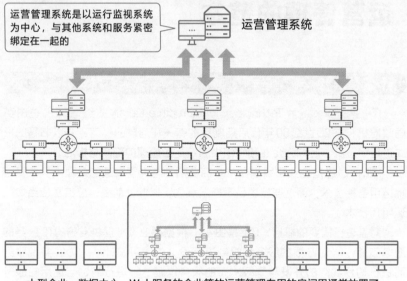

| 图9-5 | 运营管理系统的示例 |

运营管理系统是以运行监视系统为中心，与其他系统和服务紧密绑定在一起的

运营管理系统

大型企业、数据中心、Web服务的企业等的运营管理专用的房间里通常放置了大量的监视器，十分壮观

| 图9-6 | 运营管理者的主要工作 |

3：00 AM

系统的
性能管理、维护

系统的
添加和变更

故障对策

- 运营管理者在24小时维护系统稳定运行的过程中发挥着重要的作用
- 时常进行故障训练等活动
- 系统的用户应当向系统的运营管理者表达敬意

知识点

- 系统的运营管理的主要目的是进行运行监视和确保系统稳定运行。
- 配备了很多系统的企业和组织实行24小时制不间断地对系统进行运营管理。

》 运营管理的范本

什么是ITIL

ITIL是 Information Technology Infrastructure Library 的缩写。它是由英国政府机构在20世纪80年代后期制定的有关IT运营的指南，并以书籍的形式进行了总结，后成为企业和组织中系统**运营管理的范本与标准**。

ITIL的思想是企业和组织在从事商业活动与经营管理的过程中，会灵活地运用各种技术，而这些技术是不断发展的。以此为前提，总结了应当如何运用IT技术。

对其进行简要的概括，ITIL是由：①根据商业需求提供准确的IT 服务的服务策略；②对必要的服务和机制进行设计的服务设计；③为了实现服务而进行切合实际的开发与升级发布的服务过渡；④进行测试与运用的服务运作；⑤由应对变化、制订改进计划组成的持续的服务改进五个阶段构成的（图9-7）。

ITIL带来的观点

图9-8中简单地展示了一般日本企业和组织中系统管理的具体内容。ITIL主要相当于其中的②和③。

ITIL的优势在于不仅制订了计划并按照计划实施，而且可以通过不断循环执行PDCA实现持续的运用改良、对现阶段的完成度进行评估、对服务等级的目标进行明确划分等。

由于ITIL涉及的领域非常广泛，因此想要全部运用是非常困难的，建议大家可以将其中能够导入的理念或者一部分的行动指南作为范本尝试实施。

目前，很多企业和组织都已经或正在将ITIL 的导入、部分导入以及研究学习等列入工作日程。

图9-7　ITIL的五个阶段

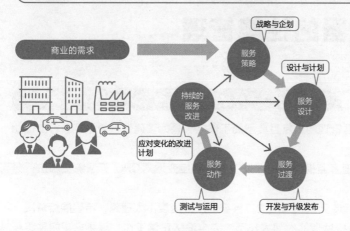

商业的需求

战略与企划

服务策略

设计与计划

持续的服务改进

服务设计

应对变化的改进计划

服务动作

服务过渡

测试与运用

开发与升级发布

图9-8　ITIL为日本企业带来的影响

运营管理的基础

- 运行监视
- 确保稳定运行的管理
- 故障对策和灾难恢复

ITIL带来的新的视角

- 根据计划实施
- 持续的业务改进（PDCA）
- 评估当前位置和完成度
- 服务水平目标

ITIL从一个前所未有的角度给日本的企业和组织的系统运营管理者带来了巨大而深刻的影响

知识点

- ITIL是英国政府机关制定的IT技术的运用指南，后成为企业和组织的系统运营管理的范本与基准。
- 目前很多的企业正在大张旗鼓地开展ITIL的导入工作。
- 由于主要精力必须集中于日常业务的运营，因此实际导入ITIL的企业和组织还不是很多。

» **服务器的性能管理**

性能管理

　　系统运营管理的日常且典型的工作之一是为了确保系统稳定运行的**性能管理**。

　　系统管理者监视系统的**性能**，并随机应变地对 CPU 等系统资源进行分配和修改。

　　例如，接收到来自用户的"系统的反应速度不太理想，希望能给解决一下""系统执行处理的时间太长了，完全没法正常工作"等要求，如果将用户当作客户，将运营管理者当作提供服务的企业，那么这些要求也可以看作客户的投诉（图9-9）。

　　比如业务系统，特别是月底需要大量输入/输出数据时，就可能会发生这样的情况。

　　运营管理者需要检查系统的使用情况，确保用户可以正常使用。

　　如果是 Windows Server，则可以通过任务管理器中的"性能"选项卡下的内容确认服务器的 CPU 的使用率。

　　如果确认到特定 CPU 核心的负载较高，就可以通过任务管理器中的"详细信息"选项卡修改进程的优先级来处理（图9-10）。

不仅仅是CPU

　　仅靠调整 CPU 就能解决问题固然是很好的，但是有时候 CPU 的使用情况可能并没有什么问题。这种情况下，可以按照**内存、磁盘的顺序依次进行确认**。

　　即使是较大规模的系统，确认的顺序也是一样的。如果是小中型的 PC 服务器，一台服务器的机箱中就包含了 CPU、内存、磁盘，可以很简单地进行确认。如果系统体积比较大，可能会有多个机箱，就有可能需要使用专用的软件进行确认。如果是数据更新比较频繁的时期，那么也可能是磁盘有问题。

图 9-9 ┈┈┈┈┈┈┈┈┈┈┈┈ **性能管理是系统管理员典型的工作之一** ┈┈┈┈┈┈┈┈┈

接到用户要求的示例

系统的反应速度不太理想，希望能给解决一下

系统执行处理的时间太长了，完全没法正常工作

马上确认

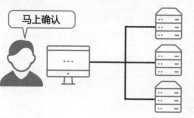

由运用监视系统发出警告的示例

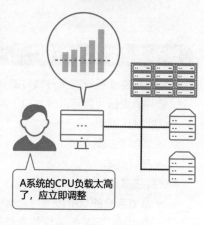

A系统的CPU负载太高了，应立即调整

图 9-10 ┈┈┈┈┈┈┈┈┈┈┈┈ **修改进程优先级的示例** ┈┈┈┈┈┈┈┈┈┈┈┈┈┈┈

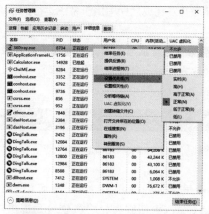

● 在 Windows Server（左侧画面中）中调整进程优先级时，选"高（H）"是调高，选"低（L）"是调低

● 在 Linux 中执行的程序(ID: 11675)的优先级默认为"0"，如果要调为稍低一点的"10"，执行 $sudo renice -n 10 -p 11675命令即可

※ 使用renice将优先级调低时不需要管理员权限即可执行，程序执行的优先级（nice）范围为 −20（优先级高）~ 19（低）

知识点

🖉 日常的系统运营管理的工作中，系统的性能管理是典型的例子。

🖉 按照CPU、内存、磁盘的顺序对使用率进行确认并解决问题。

>> 软件的更新

软件更新的两个方面

系统的持续运行离不开软件的更新。

软件的更新大致可以分为以下两个方面（图9-11）。

- 性能提升
  - 添加系统的功能。
  - 升级版本。
- 保持正常运行。
  - 修复系统的bug。
  - 升级操作系统等系统的必备软件。

无论是哪一种更新，都需要在测试更新操作后对服务器和客户端的软件进行更新，这一更新操作是在开发环境开发完成后保留用于系统运行的验证环境中进行的。

特别是与安全相关的软件，**经常需要进行紧急的修补bug和版本升级**。如果粗略地对权重进行排序，则其顺序为修复→升级→升级版本。

Windows的场合

家庭使用的Windows系统的计算机，Windows Update会自动更新软件并进行安装。

如果企业和组织的C/S架构环境是Windows Server，则可以通过WSUS（Windows Server Update Service，更新服务）将微软公司提供的Windows更新程序进行推送（图9-12）。

如果每个客户端都执行Windows Update，会极大地增加网络的负载。虽然应当尽量避免这种情况的发生，但是在系统管理中，**我们需要确认哪个客户端进行了更新、哪个客户端还没有更新**。

图 9-11　　　　**软件更新的两个方面**

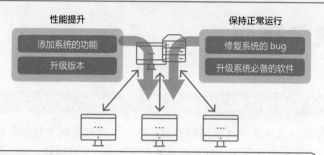

性能提升　　　　　　　　　　　保持正常运行

添加系统的功能　　　　　修复系统的 bug

升级版本　　　　　　　　升级系统必备的软件

相关术语：Patch（补丁）

Patch是指对操作系统和应用软件的程序进行部分的修复，或用于执行这一修复操作的程序和数据，有时也称为升级

图 9-12　　　**Windows Server Update Service的概要**

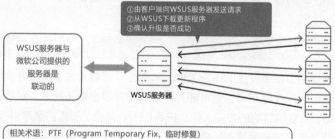

①由客户端向WSUS服务器发送请求
②从WSUS下载更新程序
③确认升级是否成功

WSUS服务器与
微软公司提供的
服务器是
联动的

WSUS服务器

相关术语：PTF（Program Temporary Fix，临时修复）

PTF是指对软件中的错误一并进行修复的程序和数据，是将添加新功能和修正错误的程序集中在一起提供的

基本
部分

功能A
功能B
功能C

基本
部分 +

功能A
功能B +
功能C

相关术语：PUF（Program Urgent Fix，紧急修复）

PUF是指对于那些等不及正式的修复程序发布的、紧急程度较高的故障发生时提供的修复程序和数据

作为临时处理方案提供的修复程序和数据也被称为PEF（Program Emergency Fix，应急修复程序）

基本
部分

功能A
功能B
功能C

功能B +

知识点

✎软件的更新包括对整体性能提升而添加新的功能，以及以确保正常运行为目的的bug修复等。

✎Windows Server中是使用WSUS对Windows的更新程序进行推送的。

» 故障排除

性能下降与故障之间的区别

那些有大量用户在使用的系统，在繁忙时或需要大量输入/输出数据时，其性能可能会下降。针对这种情况而采取的应对措施，我们在第9-5节已经进行了讲解。

故障是指系统停止运行、从台式计算机无法访问服务器、**无法正常使用**等问题。如果是由大规模的灾难引起的故障，那我们也无能为力；但是如果是系统的问题，就需要立即查清原因并使其恢复正常。

基本的步骤

以现实中可能会发生的情况为例，如多台计算机无法访问服务器，但是其他功能可以正常使用时，就可能是网络或服务器出现了问题。对服务器进行确认时，与性能管理的方式一样，按照CPU、内存、磁盘的顺序进行检查。

确认是否连接到网络时，常用的方式是使用专用的管理工具检查，或者使用下列**命令**进行确认。如果是Windows系统，则是在命令行中输入。

- **ping**（Windows和Linux都是一样的命令）（图9-13与图9-14）
  用于确认连接指定的IP地址。
- **ipconfig**（Windows是ipconfig命令，Linux是ifconfig或ip命令）
  用于显示IP地址等设置信息。
- **tracert**（Windows是tracert命令，Linux是traceroute命令）
  用于确认通过哪些路由到达目标IP地址。
- **arp**（Windows和Linux都是一样的命令）
  用于确认同一网络中的计算机的MAC地址。

图 9-13 .... **Windows中ping命令的显示示例**

```
C:¥>ping 10.20.121.32

10.20.121.32 に ping を送信しています 32 バイトのデータ:
10.20.121.32 からの応答:バイト数 =32 時間 =14ms TTL=56
10.20.121.32 からの応答:バイト数 =32 時間 =14ms TTL=56
10.20.121.32 からの応答:バイト数 =32 時間 =15ms TTL=56
10.20.121.32 からの応答:バイト数 =32 時間 =15ms TTL=56

10.20.121.32 の ping 統計:
    パケット数:送信 = 4、受信 = 4、損失 = 0（0%の損失）、
ラウンド トリップ の概算時間（ミリ秒）:
    最小 = 14ms、最大 = 15ms、平均 = 14ms
```

図 9-14 .... **Linux中ping命令的显示示例**

```
$ ping m01.darkstar.org

PING m01.darkstar.org (10.20.121.32) 56(84) bytes of data.
64 bytes from m01.darkstar.org (10.20.121.32): icmp_seq=1 ttl=64 time=0.184 ms
64 bytes from m01.darkstar.org (10.20.121.32): icmp_seq=2 ttl=64 time=0.160 ms
64 bytes from m01.darkstar.org (10.20.121.32): icmp_seq=3 ttl=64 time=0.231 ms
64 bytes from m01.darkstar.org (10.20.121.32): icmp_seq=4 ttl=64 time=0.205 ms
^C
--- m01.darkstar.org ping statistics ---
4 packets transmitted, 4 received, 0% packet loss,
time 3000ms rtt min/avg/max/mdev = 0.160/0.195/0.231/0.026 ms
```

※ 在第一行中输入命令并按 Enter 键后的示例。命令显示的内容几乎与 Windows 中
  的一样

知识点

⟋ 故障和性能下降是不同的现象，故障是指系统停止运行、无法访问服务器
  等不能正常工作的现象。
⟋ 网络的连接可以使用命令进行确认，具有代表性的命令包括 ping、
  ipconfig、tracert、arp 等。

» 系统维护与硬件维护的不同

服务器的维护

为了确保整个系统稳定地运行，需要进行系统的维护，由**系统工程师**（SE）针对启动后的系统进行升级和添加新的功能。

服务器硬件由制造商和销售公司的**客户工程师**（也有将SE称为CE的）定期进行维护和修理。

除非是计算机系统部门的相关人员，其他人很难亲眼看到客户工程师如何工作。大家可以想象一下汽车的检查和复合机的定期维护，其实服务器和网络设备也是进行类似的维护（图9-15）。

站在稳定运行和故障响应的角度来看，客户工程师是不可或缺的。

系统开始运行前与开始运行后的人才

一说到系统，大家可能会想当然地认为只要构建好它就能工作。

实际上，即使是小规模的系统，也需要各种各样的人才参与进来，包括用户、计算机系统部门、系统工程师、系统运营管理者、客户工程师等。如果设置了计算机系统部门，那么系统工程师和系统运营管理者就是该部门的员工；如果没有设置这个部门，就需要与合作公司进行合作。如果是大规模系统，仅是开发系统的系统工程师都有可能会超过1000人（图9-16）。

至于软件产品的维护，通常是从制造商或销售公司那里获取各种信息，由系统运营管理者或系统工程师执行更新操作。

此外，系统工程师是SE，客户工程师是CE，而系统运营管理者则是SM（Systems Operation Management Engineer）或ITSM（Information Technology Service Manager）。

| 图9-15 | 服务器的检查和维护是客户工程师的工作 |

汽车的检查、修理

复合机的定期维护

客户
工程师（CE）

服务器的检查、修理

由于服务器的设置位置与汽车和复合机不同，因此能够亲眼看到客户工程师工作的人比较少

| 图9-16 | 系统开始运行前与开始运行后的人才 |

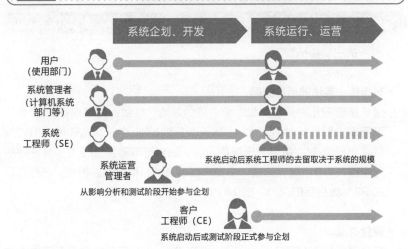

- 系统正式启动前后的相关人员的阵容会发生变化。系统规模决定了参与的人数
- 在系统企划阶段的IT顾问以及启动前后的服务器的设置等各项工程、电力供应、建筑相关的人才也可能需要加入
- 操作服务器的人才包括系统工程师、系统运营管理者、客户工程师

知识点

⊘ 服务器的物理检查和维护是由客户工程师（CE）负责的。

⊘ 无论系统的规模大小，都需要有各种人才来维持其稳定地运行。

≫ 服务级别体系

什么是SLA

如果将使用系统的用户看作顾客，那么系统就应当提供高品质的服务。这一观念被称为 **SLA**（Service Level Agreement），在日本国内包含定义服务级别的合同这一狭义的含义和**将服务级别作为体系**这一广义的含义。

现在已经有许多企业和组织在系统运用时导入了SLA体系，或者将这一体系作为目标。

SLA的主要指标

SLA 的主要指标如下。

● **可用性、系统的运行时间**。

这是基于不允许系统停机的原则下的观念。例如，如果保证有99％的可用率，那么针对24小时×365天运行的8760小时，允许停机的时间就是约88小时，将近三天半的时间。如果可用率为99.9％，允许停机时间就只有9小时，这是一个要求相当高的目标数字。但是，也存在以99.99％为目标的公司（图9-17）。

● **恢复时间**。

恢复时间称为MTTR（Mean Time To Repair），其目标是在系统发生故障后的一定时间内恢复。例如，在一个小时以内恢复。与期望每次故障都在一个小时内恢复不同，MTTR更看重将多次故障的平均恢复时间控制在一个小时内。为了尽快且可靠地恢复系统，对历史故障问题的管理（事故管理）、原因调查、包含供应商在内的体制、恢复过程的可视化、整体活动的PDCA这类平日的工作是不可或缺的（图9-18）。

图 9-17 .... 系统可用性

24小时× 365天 ＝ 8760小时

8760小时× 0.99 ＝ 8672小时[允许停机时间约88小时（将近3天半）]

8760小时× 0.999 ＝ 8752小时[允许停机时间约9小时]

如果是99.99%，也就是0.9999（离线），允许停机时间就会小于1小时！

$$\text{MTTR} \atop \text{（平均恢复时间）}} = \frac{\text{总计恢复时间}}{\text{恢复次数}}$$

图 9-18 .... 恢复时间

在现实中短时间恢复系统往往是极为困难的

- 事故管理与原因调查
- 包含供应商在内的体制
- 恢复过程的可视化
- 整体活动的PDCA

上述项目是我们应当努力达成的目标

相关术语：MTBF（Mean Time Between Failures，平均故障间隔）

例如，刚开始运行了1000小时后发生故障，接下来是2000小时后发生故障，下一次是3000小时后发生故障，那就是平均2000小时的MTBF。这个数值越高，说明系统越稳定。

知识点

🖉 SLA是用于表示系统运营的服务级别的术语。

🖉 SLA的指标包括可用性和恢复时间等。

开始实践吧

收集系统信息

系统管理的对象中，无论是用户的 Windows 计算机还是可连接的服务器，都必须对基本的信息进行收集。

接下来将介绍可以简单收集信息的命令。

打开命令输入画面，输入 systeminfo。

在 systeminfo 中，会显示计算机名、操作系统、CPU、内存容量、更新信息、网卡等基本信息。

systeminfo命令的显示示例

此外，在 systeminfo 的后面使用 /s 和 /u 选项分别进行指定后就可以看到服务器的信息。

例如，如果服务器的主机名是 server001，用户名是 user9999，就可以输入 >systeminfo /s server001 /u user9999 进行确认。

第 10 章

案例研究与未来展望——

助力企业经营的IT与将来的服务器

» 企业中的服务器的案例①

某大型企业的服务器和系统

我们已经对服务器和系统相关的基础知识与发展动态进行了讲解。接下来看一下实际工作中服务器的导入案例。

下面是某制造业的大型集团企业的系统和服务器的用途以及数量的一览表（图10-1）。

企业信息
- 集团的年销售额　　　　　　　　1000亿日元
- 集团员工人数　　　　　　　　　5000人

系统和服务器
- 各种业务系统　　　　　　　　200个系统全部是云服务
- ERP　　　　　　　　　　　　1个系统和1个机房（多台服务器）
- 电子邮件和互联网　　　　　　云服务
- 各个部门的文件服务器和打印服务器　云服务和机房混合

　　　　　　（数量与部门数量相当，正在推进云计算化）

云计算化的目的和背景

该公司正在积极地推进全面的**云计算化**改造。现阶段它们的文件服务器和打印服务器仍是云服务与机房混用的状态，但是今后会逐步转向全面的云计算化架构。

推行此项改造的目的是削减运营和维护服务器的人工成本，在克服人力资源开发和劳动力短缺问题的同时，将精力更多地集中在系统规划中。

数字化转型是每家公司和团体保持自身的竞争优势的关键所在。

这个案例很好地向我们展示了：为了更好地实现企业的经营战略，**大胆地对老旧的系统进行"抛弃"或者"改造"的思维方式是非常必要的。**

图 10-1 系统和服务器的概要

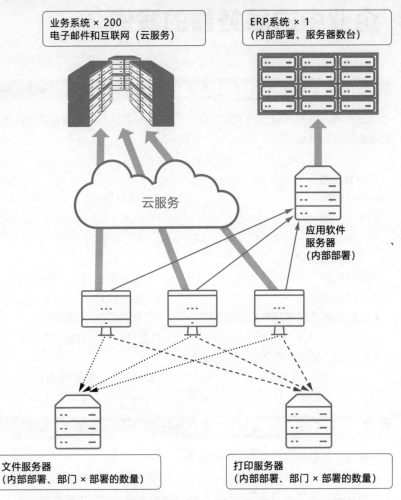

业务系统 × 200
电子邮件和互联网（云服务）

ERP系统 × 1
（内部部署、服务器数台）

云服务

应用软件
服务器
（内部部署）

文件服务器
（内部部署、部门 × 部署的数量）

打印服务器
（内部部署、部门 × 部署的数量）

集团年销售额为1000亿日元、员工人数为5000人的企业的例子
※建议分不同阶段实现云计算化

知识点

⌀ 在一家大型企业的案例中，它们正在推进系统和服务器的云计算化改造。

⌀ 大胆地对老旧的系统进行"抛弃"或者"改造"的思维方式代表了时代的改变。

》 企业中的服务器的案例②

其他大型企业的服务器和系统

这里将介绍其他企业的案例。让我们来看一下制造和分销特定商品的大型企业的案例（图10-2）。

企业信息
- 年销售额   600亿日元
- 员工人数   1500人

系统和服务器
- 核心系统   1个系统多台办公计算机
- 生产系统   4个系统机房PC服务器
- 信息系统、电子邮件和互联网   5个系统机房PC服务器
  机房PC服务器共计20台
- 各个部门的文件服务器和打印服务器   机房
  （数量与部门数量相当）

长期使用以前的系统的理由

这家企业在长期地使用以前的系统。

连接着生产系统的处理核心业务的系统中也包含**办公计算机**。像这类业务本身不会产生太大变化的企业和组织沿用的是以前的办公计算机。由于不需要对系统做很大的改进，因此长期使用在成本方面是具有优势的。

下一次更新系统时，该企业考虑切换到Windows和Linux等系统，考虑**开放式**的系统。

至此，我们已经介绍了两家企业，可以看到有正在推进先进的云计算化的企业，也有想要尽量长期使用以前的系统的企业。

图 10-2 ⋯⋯⋯⋯⋯⋯⋯⋯⋯⋯ **系统和服务器的概要** ⋯⋯⋯⋯⋯⋯⋯⋯⋯⋯⋯

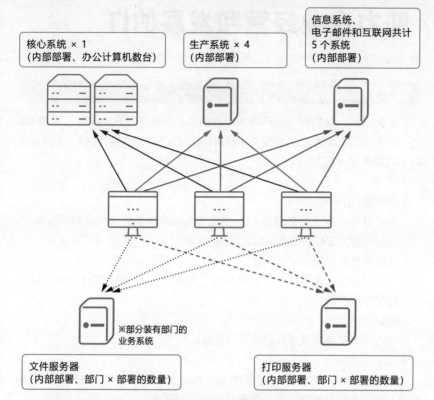

核心系统 × 1
（内部部署、办公计算机数台）

生产系统 × 4
（内部部署）

信息系统、
电子邮件和互联网共计
5 个系统
（内部部署）

※部分装有部门的
业务系统

文件服务器
（内部部署、部门 × 部署的数量）

打印服务器
（内部部署、部门 × 部署的数量）

集团年销售额为600亿日元、员工人数为1500人的企业的例子
可以看出系统被长期使用

相关术语：开放化

开放化是指从封闭的专用操作系统切换到UNIX系统、Windows、Linux等开放式的系统，是针对大型机和办公计算机等设备中运行的系统所使用的术语

知识点

∥ 某案例中的大型企业希望尽量长期使用以前的系统。
∥ 虽然数量在减少，但是一些企业和组织仍在使用办公计算机。

» 助力企业经营和发展的IT

导入IT的目的

在此之前，我们对以服务器为中心的系统和技术以及动向进行了讲解。

企业和组织导入系统与服务器的目的是经营和达成业务目标，大致包括以下几项内容（图10-3）。

- 效率化/削减成本。

  为了提高现有业务的效率和削减成本而导入IT系统（将以前需要30人才能完成的工作改进至20人就可完成等）。
- 生产率提升/增加销售额。

  为了提升生产率和增加销售额导入IT系统（将2小时完成100件处理增加至200件等）。
- 战略性运用。

  通过导入IT系统来提升行业竞争优势。

上述列举的三个目的，正在逐渐成为企业和组织在"过去"导入IT系统的目的。在目前实际的情况中已经有了一些变化。

自动化和无人化、新的体验

如果要进一步推进效率化和生产率提升，那就必须实现自动化和无人化。

先于其他公司实现自动化和无人化，就可以为客户提供新的服务，或者为客户带来新的体验，同时还能够确立企业在行业竞争中的优势（图10-4）。

企业间竞争的加剧和IT整体的技术革新都迫使企业不能再满足于业务的改进，必须进行颠覆性的改革。

图10-3　　　　　　　　　　　　　以往的三个导入目的

目　的	概　要	示　例
效率化/削减成本	针对生产量减少工作量和工作时间	30人完成的工作 →20人完成
生产率提升/增加销售额	在工作量和工作时间保持不变的前提下增加生产量	2小时完成100件处理 →2小时完成200件处理
战略性运用	提高竞争优势、提升用户对企业的认同感	先于竞争对手导入新的系统

图10-4 .... 自动化和无人化、新的检验

自动化和无人化

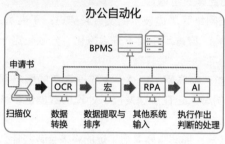

新的体验

知识点

✎ 以往导入IT技术的目的都集中于实现效率化、生产率提升、战略性运用这三者之中。

✎ 今后除了要推进效率化和提升生产率之外，还需要以实现自动化和无人化以及为客户带来新的体验为目标，IT技术所扮演的角色将变得更加重要。

》 将来的服务器和系统

当前的服务器发展动向

在第2章中，我们对当前服务器的物理形状、规模和种类以及包括云服务在内的各种运用形态进行了讲解。服务器在物理上已经倾向于小型化和集成化。此外，云服务的运用也变得越来越普遍。

在第3章中，我们对服务器和网络等周边技术的发展趋势进行了讲解，包括服务器在内的相关技术的发展趋势肯定是离不开虚拟化、分散化这一类关键字的。

在第6章中，我们对人工智能、物联网、RPA、大数据等新的服务器和系统进行了讲解。数字化技术的导入正在急速发展，处理的数据也多种多样。

如果考虑长期使用系统和服务器，那就需要考虑不远的将来会有些什么动向，也需要考虑第10-3节介绍的自动化和无人化等观点。

面向将来

从各种硬件的发展历程来看，服务器的确在不断地向小型化和集成化方向发展。此外，随着虚拟化技术的不断发展，服务器和网络设备等物理设备最终很可能会集成到一起（图10-5）。其中我们必须要掌握的是虚拟化技术。

我们已经讲解过服务器、台式计算机、网络的虚拟化是在不断发展的，这里的虚拟化是指硬件和软件的虚拟化。同时，人工智能是将人类的一部分思维方式运用到计算机虚拟化的运行，RPA则是将一部分的人工操作改为由计算机虚拟化地执行的操作。像这类将原本人工实现的操作虚拟化的技术也在不断地发展。无人店铺则是研究对人类行动的替代和虚拟化，包含这些技术在内的数据也将变得更为复杂（图10-6）。

想必在不久的将来，当我们研究服务器和系统的导入时，小型化、虚拟化、数据的多样化以及云计算等关键字肯定是不会缺席的。

图 10-5　　　　　　　　　　　服务器和相关技术的动向

小型化、集成化

虚拟化

服务器A　服务器B　▶　服务器A
的功能　服务器B
的功能

台式
计算机
A　台式
计算机
B　　台式
计算机
C　台式
计算机
D

台式计算机A　台式计算机B　台式计算机C

数据的多样化

大量的社交媒体和网络的发帖

东京 …
名古屋 …
大阪 …

销售数据

气象数据

图 10-6　　　　　　　　　　　虚拟化和多样化

迈向虚拟化的世界

AI

人工智能是对人类思维方式的虚拟化

RPA

RPA是对人工操作的虚拟化

无人店铺是对人类行动的替代和虚拟化

迈向多样化的世界

通过物联网收集
各种各样的数据

除了业务数据之外,
还对其他各种数据
进行收集

人本身也可以通过信标和
活动标签连接物联网

家电也可
无线接入物联网

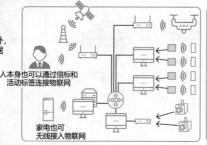

汽车自动驾驶

知识点

⌀在不久的将来,我们在研究服务器和系统时,肯定会出现小型化和集成
化、虚拟化、多样化、云计算关键字。

开始实践吧

思考下一代的服务器

下面根据传统的服务器和系统的发展趋势来考虑下一代的服务器和系统。在开始之前，给大家一个提示。

数据所在与服务器

追溯数据所在和服务器的变迁就会知道，从单机开始，到C/S架构，再到云计算，用户和终端与服务器之间的距离已经变得越来越远。

此外，最近引人注目的是被称为边缘计算的将数据和服务器设置在终端附近的做法。因为每次都需要通过互联网获取数据的分析结果，是需要一定的处理时间的。

接下来，我们将思考下一代将要到来的数据处理系统。

如果一定要取一个名字，就取一个与云计算、边缘计算相对的"SELF计算"吧。

你心目中的下一代服务器

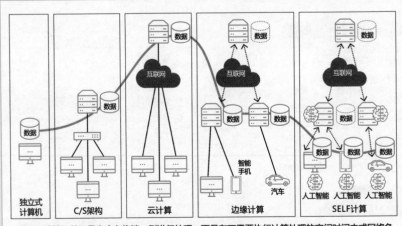

- "SELF计算"并不是完全在终端一侧进行处理，而是在不需要执行计算处理的空闲时间内或网络负载较轻的时间内从边缘服务器和云服务器中获取所需的数据
- 人工智能可以自主地进行联动，实现最佳的数据移动

接下来以前面的提示为例，根据当前的发展趋势思考下一代的服务器应当具备怎样的运用形态吧。

希望大家能尽量提出比较具体的想法。

请根据本书中的各个章节的内容进行思考。

-
-
-
-
-

笔者认为下一代服务器应当是像下面这样。

- 以 SELF 计算为主，汽车和智能手机这类装置本身将具备服务器的功能（基于"开始实践吧"内的观点）。
- 将服务器和路由器等网络设备集成在一个机箱内，使服务器更易实现高速的处理，也更便于进行各种设置（源自第 3 章的网络虚拟化）。
- 将服务器功能添加到无人机中，实现在大型活动中的新的价值，在空中飞行的服务器（自由的想法）。

毋庸置疑，服务器永远是系统的核心，但是一旦将其置之脑后再来思考，就会发现其真正需要实现的功能和发挥的作用。

估计将来的服务器也不会再拘泥于现在的形状和架构。

术语表

[● "→" 后面的数字是术语相关的章节编号。
  ● 带有 "※" 符号的是本书中没有出现的相关术语。]

服务器 (→1-1)

在整个系统中，服务器发挥着硬件中最核心的作用，同时也是执行应用软件处理的主角。

客户端 (→1-3)

是指随时会向服务器发送请求的计算机和设备以及其中运行的应用程序和进程。

客户端PC (→1-6)

是指台式计算机、笔记本电脑、平板电脑、智能手机等各种各样的终端设备。

※ 事件驱动 (→1-3)

是指根据发生的事件执行相应的处理。

※ 服务器站点 (→1-4)

是指在服务器一端执行处理和管理数据。例如，对从多个客户端输入的数据进行统一管理的数据库；在服务器一端执行程序，在客户端使用HTML现实的Web服务等。

※ 批处理 (→1-5)

是指对大规模的数据执行处理时，避开日常用户使用系统的高峰期，在晚上或节假日进行处理的方式。

※RASIS (→2-1)

是指为了更稳定地发挥计算机系统的处理能力而进行的评估项目。有可靠性（reliability）、可用性（availability）、可维护性（serviceability）、完整性（integrity）、安全性（security）五个要素。

RAS (→2-1)

是指为了更稳定地发挥计算机系统的处理能力而进行的评估项目，在提到三大要素时使用。

开放源码软件 (→2-3)

是指用大多数人都能理解的编程语言所开发的软件，并且任何人都可以自由地使用，并且允许对软件进行修改、复制和发行。

办公计算机 (→2-3)

是办公室计算机的简称。以前是指会计、财务计算、销售管理等专门用于文书工作的计算机。针对企业和团体进行软件的定制开发、捆绑硬件一起销售。

冗余性/冗余化 (→2-4)

是指为了预防系统发生故障而配置备用装置的做法，也被称为Redundancy。冗余机制是指采用双机容错的备用设备，将数据同时保存在另外的位置等具体实现冗余化的装置的结构。

Windows Server (→2-3)

微软公司提供的服务器操作系统。

Linux (→2-3)

开放源码的操作系统中的代表。作为商用操作系统提供的有Red Hat等。

UNIX系统 (→2-3)

由各大服务器厂商所提供的历史最为悠久的服务器操作系统。

塔式 (→2-5)

是指与台式计算机类似的长方体外形，相当于将个人计算机放大后的形状。

机架式 (→2-5)

是支持在专用的机架里逐台增加的类型，具有优秀的可扩展性和容错性。在机架内增加数量即可实现扩展，由于使用专用的机架进行保护，因此容错性更好。

刀片式 (→2-5)

由机架式派生出来的类型，是面向需要大量使用服务器的数据中心而设计的。

超级计算机 (→2-5)

计算机中的战斗机。为了发挥出最高的处理性能，不仅对每种部件进行细分，还针对特定的功能进行优化。

PC服务器 (→2-6)

与PC具有相同的结构，将PC大型化后的服务器，也被称为IA（Intel Architecture，Intel架构服务器）。由于内部使用的是Intel公司的名为x86的CPU以及与之兼容的CPU，因此也被称为x86服务器。

RISC (→2-6)

Reduced Instruction Set Computer的缩写，是精简指令数量以提升处理速度的CPU架构的一种。

LAN (→2-8)

Local Area Network 的缩写，使用被称为网络通用语言（协议）的TCP/IP进行通信。

WAN (→2-8)

Wide Area Network的缩写。与LAN这样局限于同一个建筑物内的网络不同，WAN是可以覆盖距离较远的地区或广域的网络。

蓝牙 (→2-8)

近距离无线通信标准之一，可以在支持蓝牙的设备之间进行连接和通信。

内部部署 (→2-9)

是指在公司内部设置服务器。

数据中心 (→2-9)

是对将服务器和网络设备大量集中在一起进行设置和高效地运用管理的设备的统称。

SaaS (→2-10)

Software as a Service的缩写，为用户提供其所需的完整的系统。

IaaS (→2-10)

Infrastructure as a Service 的缩写，是指提供除了操作系统之外不安装任何软件的服务器类型。

PaaS (→2-10)

Platform as a Service的缩写，是介于IaaS和SaaS之间的产物。因此，其中包括数据库等中间件以及开发环境。

私有云 (→2-11)

是指企业和组织在其公司内部建立的云计算环境。主要是通过内联网接入到公司自己的数据中心，但也有可能因为远程环境或其他的理由而通过互联网接入。

机箱 (→2-12)

是指硬件专用的外壳。

大型机 (→2-12)

也被称为通用机、通用计算机的大型的计算机，在商业统计数据中作为服务器计入。

中间件 (→2-13)

在操作系统和应用程序之间起到扩展操作系统功能，或者提供软件之间的通用功能的软件。

DBMS (→2-13)

DataBase Management System的缩写，作为保管数据的工具，起到从基本的数据操作到数据管理的生产力工具。

※ 独占控制 (→2-13)

在对数据进行处理时，禁止执行其他处理的控制。在数据库中是很常用的术语，以表或记录为单位进行控制。

性能估算 (→3-2)

是指在正式导入前，对所需的服务器性能进行假设，并通过数值进行计算。

同时访问数量 (→3-2)

是指在某个时间点有多少名用户的集中访问。在Web服务和用户数量较多的业务系统中，是进行服务器的性能估算的重要参考数据。

剪裁 (→3-2)

指进行性能评估之后，根据CPU、内存、磁盘、I/O性能等数据对服务器进行挑选。

超上流工程 (→3-3)

是指系统在开发工程中，正式开始系统设计之前的系统化的方向性、系统化计划、需求定义的工程。

IP地址 (→3-4)

用于识别网络中通信对象的编号，是一种用小点分隔的四个0~255的数字表示的编号。

MAC地址 (→3-4)

用于定位自己的网络中的机器的编号，是由六组两位的字母与数字与五个冒号或连字符组成的编号。

TCP/IP (→3-5)

互联网和计算机网络中使用的标准协议（建立通信的握手步骤）。

路由器 (→3-6)

对不同网络进行中继的网络专用设备。

虚拟服务器 (→3-7)

在一台物理服务器中，创建多个逻辑上的服务器功能。

VDI (→3-7)

Virtual Desktop Infrastructure的缩写，是指将客户端个人计算机虚拟化。

瘦客户端	(→3-8)

是指没有配备硬盘，只具备有限性能的个人计算机。

扁平网络	(→3-9)

使多个网络设备看上去就像是一台设备，将传统的一对一的路由改造成多对多的路由。

设备服务器	(→3-10)

为了实现特定的功能而设置的服务器。除了硬件和操作系统之外，还安装了所需使用的软件。

虚拟设备服务器	(→3-10)

是指安装了使用虚拟化软件封装的虚拟设备的服务器。

RAID	(→3-11)

Redundant Array of Independent Disks的缩写，使多个并列排放的物理磁盘看上去就像一个磁盘，并将数据写入适当的磁盘空间的位置中。

SAS	(→3-11)

Serial Attached SCSI的缩写，有两个端口。由于与CPU之间有两条通道，因此其性能和可靠性更高。

FC	(→3-11)

Fiber Channel的缩写。与SAS、SATA的结构不同，FC主要用于大型机系统。由于使用光纤传输数据，因此可以实现高速的数据传输，但是价格高昂。

文件服务器	(→4-2)

服务器中离我们最近的服务器，服务器与其从属计算机之间可以创建文件、共享和更新文件。

打印服务器	(→4-3)

在服务器与其从属计算机之间共享打印机的服务器。

NTP服务器	(→4-4)

Network Time Protocol的缩写，是用于在服务器与其从属计算机之间，在网络内部对时间进行同步的服务器。

资产管理服务器	(→4-5)

服务器和客户端都安装上相同的软件，可以对PC是否在运行，软件程序是否在使用等信息进行可视化处理的服务器。

DHCP	(→4-6)

Dynamic Host Configuration Protocol的缩写，负责为连接到网络中的新的计算机分配IP地址。

SIP服务器	(→4-7)

Session Initiative Protocol的缩写，是用于控制IP电话的服务器，在使用IP电话的企业和组织中被大量采用。

VoIP	(→4-7)

Voice over Internet Protocol的缩写，是用于在互联网上控制音频数据的技术。

SSO服务器	(→4-8)

Single Sign On的缩写，实现在一个系统中进行输入就能让用户同时进入多个系统的功能的服务器。

反向代理	(→4-8)

位于用户和各个系统之间的服务器，可以代替用户进行登录操作。

认证助理	(→4-8)

负责在各类系统的服务器与SSO之间实现密切的配合，使用户可以简单地实现登录操作。

应用服务器	(→4-9)

在用户数量庞大、数据进出频率很高的系统中，为了对服务器的负载进行分散处理，所导入的针对用户的操作画面和处理等操作进行优化的服务器。

ERP	(→4-10)

Enterprise Resource Planning的缩写，负责对生产、管理、物流等各类业务进行统一管理的系统，作为核心的系统在制造业、物流业、能源等企业中得到了大量的应用。

物联网	(→4-11)

物联网即IoT，Internet of Things的缩写，是指在互联网上对各种各样的物体进行连接，并对数据进行传输。

Linux发行商	(→4-12)

是指为了方便企业、组织和个人使用Linux，将操作系统和必备的应用软件捆绑在一起提供的企业和组织，收费的有Red Hat Enterprise Linux（RHEL）、SUSE Linux Enterprise Server（SUSE），免费的有Debian、Ubuntu、CentOS等。

SMTP服务器	(→5-2)

Simple Mail Transfer Protocol的缩写，用于发送邮件的服务器，同时也是接收邮件的窗口。

POP3服务器	(→5-3)

Post Office Protocol Version 3的缩写，用于接收电子邮件的服务器，为客户端提供接收电子邮件的功能。

Web服务器	(→5-4)

将Web站点的内容提供给Web浏览器。

HTTP (→5-4)

HyperText Tranfer Protocol的缩写，是互联网上用于传输数据的协议。

DNS (→5-5)

Domain Name System的缩写，提供将域名和IP地址进行关联的功能。

SSL (→5-6)

Secure Sockets Layer的缩写，是在互联网上进行加密通信所使用的协议，负责将互联网上的通信数据加密，防止数据被有有恶意的第三方窃听和篡改。SSL结合使用了公开密钥和对称密钥加密技术。

对称密钥加密 (→5-6)

在加密和解密时使用的是相同的密钥加密方式。其优点是处理速度相对较快。

公开密钥加密 (→5-6)

使用公钥和私钥对数据进行加解密的加密方式，使用其中一个密钥加密的数据可以使用另一个密钥进行解密。

FTP (→5-7)

File Transfer Protocol的缩写，用于对外部进行文件共享，以及在互联网上向Web服务器中上传文件的协议。

IMAP服务器 (→5-8)

Internet Messaging Access Protocol的缩写，用于提供从外部查看电子邮件的功能。

Proxy服务器 (→5-9)

用于对内部网络与互联网之间的访问进行中继的服务器，代理客户端对互联网的访问。

运行监视服务器 (→6-2)

用于监视系统运行是否正常的服务器，其主要作用是监视系统资源的使用情况和系统的健康诊断。

RPA (→6-4)

Robotic Process Automation的缩写，是用于以除自身以外的软件为对象，自动执行预先定义的处理的工具。

BPMS (→6-5)

Business Process Management System的缩写，反复对业务流程进行分析并改进，实现业务改进的持续化的概念。

Hadoop (→6-8)

是开放源码的中间件，可以对海量的数据进行高速处理的技术。

信息安全策略 (→7-3)

是指企业和团体等组织内部针对信息安全的对策和方针、行为规范等。

防火墙 (→7-4)

是企业和团体内部的网络与互联网之间的分界线，对通信进行管理并确保安全的机制的统称。

DMZ (→7-5)

De Militarized Zone的缩写，是防火墙与内部网络之间的缓冲地带，用于防范对内部网络进行入侵的措施。

目录服务器 (→7-6)

是用于对从用户的认证到实施访问的所有操作是否遵循安全策略进行管理的服务器。

容错系统 (→7-8)

即使出现故障也可以继续正常运行的系统。

双机化 (→7-8)

就像主服务器和从服务器那样，为了预防使用中的机器出现问题，事先设置好备用的机器，一旦出现问题立即切换到备用机的做法。

负载分散 (→7-8)

准备多个硬件，并根据实际的负载情况对处理进行分散的做法。

热备份 (→7-9)

同时准备主服务器和从服务器以提高系统的可靠性的方法。主服务器的数据会被复制到处于待机状态从服务器中，一旦出现故障可以立即进行切换。

冷备份 (→7-9)

同时准备主服务器和从服务器以提高系统的可靠性的方法。由于从服务器是等到主服务器出问题后才启动，因此切换过程所需时间较长。

集群化 (→7-9)

是让多台服务器看上去像是一台服务器的技术。

负载均衡 (→7-9)

也被称为负载分散，是使用多台服务器对任务负载进行分散处理，以提高系统的处理性能的做法。

网卡绑定 (→7-10)

是用于防止作为服务器的出入口的网卡出现故障导致无法进行通信的一种技术。

完整备份 (→7-11)

是指定期地对所有的数据进行备份。

差分备份 (→7-11)

是指对完整备份的差分数据进行备份。

UPS (→7-12)

Uninterruptible Power Supply的缩写，是用于保护服务器免受突然停电、电压瞬间剧烈波动的影响的设备。

横向扩展 (→8-1)

是指为了提升系统的处理能力而增加服务器的数量。

纵向扩展 (→8-1)

是指通过提高CPU等部件的性能的方式来提升系统的处理能力。

数字化转型 (→8-2)

是指运用数字技术对商业模式进行改革。

IT策略 (→8-8)

是指企业和组织内部对信息技术和系统的运用方式制定的规范。

Administrator (→8-9)

导入系统和服务器时的管理者。

瀑布模型 (→8-11)

像瀑布那样，对需求定义、概要设计、详细设计、开发与制造、综合测试、系统测试、运用测试等各项工程开发步骤进行推进的方法。

敏捷开发 (→8-11)

以应用软件或程序为单位，对需求、开发、测试、发布等流程不断循环重复的开发方式。

CFIA (→9-2)

Component Failure Impact Analysis的缩写，对故障的影响进行深入的分析，并进行定义的做法。

ITIL (→9-4)

Information Technology Infrastructure Library的缩写，是20世纪80年代后期英国政府机关制定的计算机技术的应用指南，后成为企业和组织的系统运用管理的范本与基准。

WSUS服务器 (→9-6)

Windows Server Update Service的缩写，是微软公司用于发布Windows的升级文件的服务器。

ping命令 (→9-7)

用于确认与指定的IP地址之间的连接状况的命令。

ipconfig命令 (→9-7)

是Windows中用于显示IP地址等设置信息的命令。

客户工程师 (→9-8)

是指维护服务器等硬件的人。

SLA (→9-9)

Service Level Agreement的缩写，包含作为约定服务等级的合同的狭义含义和表示系统地展示服务等级的行动的广义含义。

MTTR (→9-9)

Mean Time To Repair的缩写，指平均故障修复时间。

MTBF (→9-9)

Mean Time Between Failures的缩写，指平均故障发生间隔时间。

开放化 (→10-2)

是指从专用的操作系统切换到UNIX系统、Windows和Linux等开放式的操作系统，主要用于大型机和办公计算机中所运行的系统。